KB043097

수학에
관한
어마
어마한
이야기

수학에 관한 어마 어마한 이야기

선사시대부터 미래까지

미카엘 로네 지음
김아애 옮김

차례

서문

"오, 저는 수학은 완전 젬병이었어요!"

귀에 못이 박이겠다. 오늘 이 말을 족히 열 번은 들었을 것이다.

어떤 여성이 일행과 함께 내 부스에 들렀다. 궁금증을 불러일으키는 다양한 기하학 이야기를 15분 남짓 주의 깊게 듣더니 또 저 말을 한 것이다.

"그런데 직업이 뭐예요?"

그녀가 나에게 물었다.

"수학자예요."

"오, 저는 수학은 완전 젬병이었어요!"

"그래요? 그렇지만 제가 조금 전에 말씀드린 걸 재미있게 듣고 계신 것 같았는데요."

"네, 맞아요. 하지만 이건 진짜 수학이라고 보기에는 좀……. 이건 이해할 만한 수준인걸요."

저런, 나에게 이렇게 말한 사람은 여태껏 한 명도 없었다. 수학이란 게 본래부터 우리가 이해할 수 없는 학문이란 말인가?

때는 8월 초, 라플로탕레의 펠릭스포르 가街. 이 조그만 여름 장터에서 내 오른편에는 헤나와 아프리카식 머리 땋기를 해주는 타투 부스가, 내 왼편에는 휴대전화 액세서리를 파는 사람이 있었고, 맞은편에는 장신구와 각종 잡동사니가 펼쳐져 있었다. 이 가운데에 나는 수학 부스를 설치했다. 선선한 저녁 시간, 여름휴가를 즐기는 사람들이 이곳저곳을 평온하게 거닐고 있었다. 나는 색다른 장소에서 수학을 하는 걸 몹시 좋아한다. 사람들이 수학을 하리라고 기대하지 않는 곳, 사람들이 경계하지 않는 그런 곳에서…….

"방학 동안 수학을 했다고 부모님한테 말씀드려야겠네요!"

해변에서 돌아와 부스를 지나가던 한 고등학생이 내게 말했다.

그렇다. 내가 하는 행동은 사람들의 뒤통수를 치는 격이라고 할 수 있다. 하지만 이렇게 하지 않을 수 없다. 이건 내가 가장 좋아하는 순간이니까. 돌이킬 수 없을 정도로 수학을 싫어한다고 생각하던 사람들에게 지난 15분 동안 당신들이 한 게 바로 수학이라고 내가 말해줄 때 어떤 반응이 나오는지 관찰하는 것 말이다. 게다가 내 부스는 문전성시를 이루고 있다! 나는 여기에서 종이접기, 마술, 게임, 수수께끼 같은 것들을 선보인다. 연령대별로 좋아할 만한 걸 다 한다.

　나도 즐겁게 하는 일이지만 솔직히 마음은 아프다. 어쩌다 우리는 수학에서 즐거움을 느끼려면 사람들에게 수학을 하고 있다는 사실을 숨겨야만 하는 지경에 이르렀을까? 수학이라는 단어가 왜 이나 지도 두려운 걸까? 한 가지는 확실하다. 내 주변 부스에서 '장신구와 목걸이' '휴대전화' '타투' 같은 단어들을 볼 수 있듯이, 내 부스 안에 놓인 테이블 위에 '수학'이라고 쓰인 팻말을 올려두었다면 지금과 같은 성공의 반의반도 거두지 못했을 거라는 사실이다. 들르는 사람은 없었을 것이다. 어쩌면 시선을 피하며 한 발짝 뒤로 물러섰을지도 모른다.

　그렇지만 사람들은 분명히 호기심을 품고 있다. 그 점을 나는 매일 확인한다. 사람들은 수학을 겁내지만, 수학의 매력을 많이 느끼기도 한다. 수학을 좋아하지는 않지만, 수학을 좋아하고 싶어한다. 그도 아니면, 최소한 수학이라는 불가해한 미스터리에 눈길이라도 슬쩍 한번 줄 수 있기를 바라는 것 같기도 하다. 사람들은 수학에 접근하기가 불가능하다고 곧잘 생각하지만, 그렇지 않다. 꼭 뮤지션이 아니어도 음악을 좋아할 수 있고, 훌륭한 셰프가 아니어도 맛있는 음식을 주변 사람들과 나누는 걸 좋아할 수 있다. 그렇다면 수학을 이야기하거나, 대수학이나 기하학에서 기분 좋은 자극을 받는 일을 즐기기 위해서는 수학자이거나 특별한 지성을 갖추어야 할까? 수학의 기본적인 개념들을 이해하고 감탄하는 데는 기술적으로 상세한

　　　　　　　　　수학에 관한 어마어마한 이야기

부분까지 들어가지 않아도 된다.

옛날 옛적부터 예술가, 창작자, 발명가, 장인 혹은 단순히 몽상가나 호기심 많은 사람들은 수학이 무엇인지도 모른 채 수학을 하는 경우가 많았다. 자신도 모르는 사이에 수학자가 된 사람들이 있었다는 뜻이다. 그들은 처음으로 질문을 제기하고, 처음으로 연구하고, 처음으로 브레인스토밍을 한 사람들이었다. 우리가 수학의 근원을 이해하고자 한다면 이들의 흔적을 좇아야 한다. 왜냐하면 모든 것이 이들과 함께 시작되었기 때문이다.

이제 여행을 시작할 시간이다. 여러분이 진심으로 이 여행을 원한다면, 이 책을 읽는 동안 인류가 추구해온 가장 놀랍고 매혹적인 학문의 파란만장한 발자취로 내가 여러분을 안내하는 것을 허락해주기를 바란다. 예기치 못했던 발견들과 믿기 어려울 만큼 엄청난 아이디어들로 역사를 써내려간 사람들을 만나러 떠나보자.

자, 다 함께 수학이라는 어마어마한 이야기 속으로 들어가보자.

1장

—

자신도 모르는 사이에
수학자가 된 사람들

우리가 펼쳐갈 탐구의 출발점으로 결정한 곳은 프랑스 수도 파리의 심장부에 위치한 루브르 박물관이다. 루브르에서 수학을 한다고? 엉뚱한 말로 들릴 수도 있다. 과거 왕궁이었던 건물을 박물관으로 개조한 루브르는 오늘날, 수학자의 영역이라기보다는 미술가·조각가·고고학자 혹은 역사학자의 영역 같아 보인다. 그렇지만 우리는 바로 여기에서 수학자들의 첫 발자취를 이어나갈 준비를 할 것이다.

루브르에 도착하자마자 나폴레옹 광장 한가운데에 눈에 띄는 커다란 유리 피라미드가 이미 우리를 기하학으로 초대한다. 하지만 오늘 나는 그보다 훨씬 이전의 과거를 만날 것이다. 내가 박물관으로

수학에 관한 어마어마한 이야기

들어서면 그때부터 타임머신이 작동한다. 나는 프랑스의 왕들을 지나치고, 르네상스 시대와 중세를 거슬러 올라가 고대에 도착한다. 연달아 이어진 전시실에서는 몇몇 로마 시대의 조각상, 그리스의 항아리, 이집트의 석관 등을 마주친다. 조금 더 멀리 나아간다. 드디어 선사시대에 들어섰다. 시간이 순식간에 거꾸로 흐르면서 나는 차츰 모든 것을 잊어버린다. 숫자도 잊어버려야 한다. 기하학도 잊어버려야 한다. 문자마저 잊어버려야 한다. 맨 처음에 사람들은 아무것도 알지 못했다. 무엇인가 알아야 할 것이 있다는 사실조차 말이다.

첫번째 정거장은 메소포타미아 지역이다. 우리는 마침내 1만 년을 거슬러 올라왔다.

조금 더 잘 생각해보면, 나는 시간을 더 멀리 거슬러 올라갈 수 있었을지도 모른다. 150만 년을 더 올라가면 구석기시대가 한창이다. 이 당시에는 아직 불을 활용할 줄 몰랐고, 호모 사피엔스는 아직 머나먼 프로젝트에 불과하다. 아시아는 호모 에렉투스의 세상, 아프리카는 호모 에르가스테르의 세상이며, 아마도 아직 발견되지 않은 몇몇 고인류가 더 있을지도 모른다. 이 시기는 뗀석기의 시대다. 주먹도끼가 유행이다.

사람들이 모여 사는 곳 한편에서 돌을 깨는 석공들이 한창 작업 중이다. 그들 중 한 명이 몇 시간 전에 자신이 가져온 그대로 자연 상태의 규석 덩어리를 집어든다. 그는 아마도 책상다리를 한 채 맨바닥에 앉아 땅에다 그 규석을 내려놓고, 한 손으로는 고정하고 다

른 한 손으로는 묵직한 돌을 들어 규석의 가장자리를 내리칠 것이
다. 처음으로 규석 조각이 떨어져나가자 석공은 그 결과를 관찰한
다음, 다시 규석 덩어리를 잡고 반대편을 두번째로 내리친다. 이렇
게 원래의 돌덩어리에서 두 조각이 떨어져나가면서 본래 규석 덩어
리에는 잘려나간 모서리가 생긴다. 이제 돌덩이 둘레를 돌려가며 같
은 작업을 반복하는 일이 남았다. 규석 덩어리의 어떤 부분은 너무
두껍거나 너무 크다. 그래서 원하는 모양으로 완성품을 만들려면 큰
조각을 몇 번 더 잘라내야 한다.

실제로 주먹도끼의 형태는 우연히 또는 한순간의 영감으로 만들
어진 게 아니다. 충분히 생각한 다음에 가공을 한, 한 세대에서 다음
세대로 전수되어 만들어진 형태다. 주먹도끼는 만들어진 시기와 장
소에 따라 다른 형태를 보인다. 어떤 주먹도끼는 한 부분이 뾰족하
게 튀어나온 형태의 물방울 모양인가 하면, 다른 것은 좀 더 둥근 달
걀 모양이다. 반면에 모서리가 거의 튀어나오지 않은 이등변삼각형
에 더 가까운 모양도 있다.

하지만 모든 주먹도끼는 '대칭축이 있다'는 공통점을 가지고 있
다. 주먹도끼에 이러한 기하학적 특성이 있는 것은 실용성 때문이었
을까? 아니면 단순히 어떤 미학적 의도로 우리 조상들은 이런 형태
의 주먹도끼를 만들었던 걸까? 우리로서는 알 길이 없다. 하지만 이
기하학적 특성이 우연의 산물일 리 없다는 점은 틀림없는 사실이다.
석공은 어떻게 내리칠지 미리 심사숙고했을 것이다. 완성하기 전에
어떤 형태로 만들지를 생각한 것이다. 그는 자신이 만들어낼 물체의

수학에 관한 어마어마한 이야기

추상적 이미지를 머릿속으로 구상했다. 이를 다른 말로 표현하면 바로 수학을 한 것이다.

전기 구석기시대의 주먹도끼

————

석공은 가장자리를 쭉 둘러치는 작업을 끝내고 나면 이 새 도구를 관찰하고 잘 만들어진 윤곽을 살펴보기 위해 빛을 향해 팔을 쭉 내밀 것이다. 몇 군데 날을 두세 번 정도 살짝 내리쳐서 모양새를 바로잡으면, 마침내 그의 마음에 쏙 드는 물건이 된다. 그 순간 그는 어떤 기분이었을까? 벌써 과학적 창조물을 만들어냈다는 경이로운 도취감을 느낄까? 추상적인 생각에서 출발해 외부 세계를 파악하고 제작해낼 줄 안다는 도취감 말이다. 아무래도 좋다. 추상화抽象化의 시간은 아직 도래하지 않았다. 이 시대는 실용주의 시대다. 주먹도끼는 나무와 고기를 자르고, 가죽을 째거나 땅을 파는 데 사용된다.

하지만 우리는 이렇게 멀리 가지는 않을 것이다. 아주 오래된 이 시대, 그리고 우리 무혐의 진정한 축발점으로 되돌아오기에는 위험할 수 있는 이런 해석들은 내버려두자. 기원전 8000년경의 메소포타미아 지역에서 우리는 출발한다.

비옥한 초승달 지대〔티그리스 강과 유프라테스 강 사이의 삼각주 지역으로 고대 농경 문화의 발상지―옮긴이〕를 따라, 훗날 '이라크'라고 불리는 곳에서 멀지 않은 한 지역에서는 신석기 혁명이 진행되고 있다. 사람들이 얼마 전부터 이곳에 자리를 잡았다. 북부 고원 지대에서 정착 생활은 성공을 거둔다. 이 지역은 온갖 최신의 혁신적인 것들을 실험하는 곳이다. 흙벽돌로 지은 거처들이 모여 처음으로 부락이 형성되는데, 대담한 건축가들은 건물에 한 층을 더 얹기도 한다. 농업은 최첨단 기술이다. 이 지역은 기후가 온화하여 인공 관개 수단이 없어도 땅을 경작할 수 있다. 사람들은 점차 동식물을 길들인다. 토기는 출현을 준비하고 있다.

자, 이제 토기에 대해 이야기해보자. 사실 이 시대에 관해 이야기해주는 유물들이 많이 사라지는 바람에 굽이진 시간의 길목에서 길을 잃기는 했지만, 고고학자들은 수많은 화분, 꽃병, 항아리, 접시, 그릇 등을 발굴했다. 내 주변의 진열장들은 그런 토기들로 가득 차 있다. 우리가 처음으로 살펴볼 유물은 9000년 전의 것들로, 전시실에서 전시실로 이동할 때마다 마치 『헨젤과 그레텔』에 나오는 흰 돌맹이처럼 시간을 거슬러 올라가도록 안내한다. 다양한 장식과 조각, 그림과 부조를 지닌 모든 크기, 모든 형태의 토기가 있다. 다리가 달린 항아리가 있는가 하면, 손잡이가 달린 항아리도 있다. 온전하게 보존되었거나, 금이 갔거나, 깨졌거나, 복원된 항아리도 있다. 어떤 항아리는 정돈되지 않은 채 파편들만 진열되어 있다.

토기는 청동, 철, 유리보다 훨씬 앞서서, 최초로 불을 사용한 기술이다. 토기공들은 다습한 지역 어디서나 쉽게 구할 수 있는 점토로 가단성可鍛性 있는 반죽을 만들어 원하는 물건을 만들 수 있었다. 토기 형태가 마음에 들면 며칠 건조한 후, 토기 전체를 단단하게 만들기 위해 커다란 장작불 한가운데에 넣고 굽기만 하면 되었다. 이 기술이 알려진 지는 오래되었다. 2만여 년 전에 이미 작은 조각상을 이런 방식으로 만들었다. 하지만 최근 정착 생활을 시작하면서부터 자주 사용하는 물건들을 그와 같은 방식으로 만들어야겠다는 생각을 하게 된 것이다. 새로운 생활 양식에서는 저장할 방법이 필요했기에 사람들은 있는 힘을 다해 항아리를 만들었다.

흙을 구워 만든 이 용기들은 마을에서 공동생활을 하는 데 꼭 필요하며 일상에서 없어서는 안 될 물건으로 재빨리 자리 잡는다. 그런데 오래가는 용구를 만들더라도 아름답게 만드는 편이 더 낫다. 곧 토기에 장식이 나타난다. 어떻게 장식하느냐에 따라 여러 경향이 생겨난다. 어떤 지역에서는 불에 굽기 전에 조개껍데기나 잔 나뭇가지를 가지고 점토에 무늬를 새긴다. 또 어떤 사람들은 먼저 불에 굽고, 그 후에 뗀석기를 가지고 장식을 새긴다. 천연 색소로 표면에 그림을 그리는 사람들도 있다.

고대 동양 전시관을 훑어보던 나는 메소포타미아인들이 만들어 낸 기하학적 무늬의 풍성함에 매료된다. 구석기시대에 석공이 만든 주먹도끼와 마찬가지로, 몇몇 기하학적 특성은 오랜 시간 신중하게 심사숙고하여 만든 게 아니라고 하기에는 솜씨가 너무나 좋다. 항아리 둘레를 따라 그려진 프리즈frieze에 특히 관심이 갔다.

프리즈란 항아리를 둘러싼 띠 모양의 연속무늬를 말한다. 가장 흔히 볼 수 있는 것 중에는 톱니 모양의 삼각형 프리즈가 있다. 또는 두 가닥의 끈이 서로 감겨 있는 듯한 형태도 있다. 비스듬하게 평행으로 배치된 프리즈, 요철 모양 프리즈, 가운데 점이 찍힌 마름모 모양 프리즈, 선영線影이 들어간 삼각형 프리즈, 원이 반복해서 그려진 프리즈 등을 찾아볼 수 있다.

한 시대에서 다른 시대로 넘어가다보면 유행이 눈에 들어온다. 특정 무늬가 인기를 끈다. 그 무늬가 계속해서 사용되고 변형되며 다양한 변주를 통해 개선되어 나타난다. 그러다 몇 세기가 지나면 더는 사용되지 않는다. 이들은 '현재완료'가 되어, 다른 시류를 타고 다른 무늬로 대체된다.

이러한 무늬들이 연이어 나타나는 것을 지켜보니 수학자로서 눈에 불이 켜진다. 무늬들에서 대칭과 회전, 평행이동이 보인다. 나는 머릿속으로 이것들을 선별하고 배열하기 시작한다. 학창 시절에 공부했던 정리定理 몇 개가 기억난다. 기하학적 변환의 분류. 내게 필요한 것이 바로 이것이다. 나는 수첩과 연필을 꺼내 휘갈겨 써내려간다.

먼저 회전이동이 있다. 내 눈앞에 에스s 자 형태가 연달아 그려진 프리즈가 있다. 확신을 갖기 위해 고개를 돌려본다. 확실하다. 반 바퀴를 돌려서 보아도 같은 모양이다. 만약 항아리를 들어서 위아래를 뒤집어놓는다 해도 프리즈의 모양은 완전히 똑같을 것이다.

그다음은 대칭이다. 여러 유형의 대칭이 있다. 조금씩 수첩에 목록이 채워지고 보물찾기가 시작된다. 각각의 기하학적 변형에 맞는 프리즈를 찾는다. 이 방에서 저 방으로 옮겨다니다 되돌아가기도 한다. 몇몇 토기 조각은 손상되어서, 수천 년 전 이 토기 위에 그려져 있었을 무늬를 재현해보기 위해 눈을 찡그려본다. 새로운 무늬를 발견하면 수첩에 체크한다. 이 무늬들의 연대표를 재구성하기 위해 토기가 만들어진 연도를 살펴본다.

총 몇 개나 되는 무늬를 찾아야 할까? 조금 더 생각해보니 마침내 이 유명한 정리를 알아내는 데 성공한다. 프리즈들을 전부 합해서 일곱 가지로 분류할 수 있다. 서로 다른 기하학적 변형을 했더라도 일곱 가지 유형의 카테고리로 각각의 프리즈들을 묶을 수 있다. 더도 덜도 아닌 일곱 가지로 말이다.

물론 메소포타미아인들은 이 점을 알지 못했다. 당연하다. 시금 우리가 말하는 이 정리는 르네상스 시대가 되어서야 공식화되기 시작했으니 말이다. 하지만 선사시대에 토기를 만든 사람들은 의심의 여지없이 조화롭고 독창적인 무늬로 토기를 장식하겠다는 포부 외에 다른 의도는 일절 갖지 않은 채, 수천 년 후에 수학자들을 뒤흔들어놓을 환상적인 학문의 첫 추론을 한 것이다.

수첩을 들여다보니 거의 모든 프리즈를 적었다. 거의? 일곱 가지 가운데 한 가지가 빠졌다. 예상했던 대로 이 나머지 하나가 확실히 제일 복잡한 프리즈다. 가로축을 중심으로 같은 모양을 하고 있지만 문양의 절반 길이만큼 어긋나게 그려진 것이다. 우리는 이를 '미끄럼 반사'라고 부른다. 메소포타미아인들에게 진정한 성과가 아닐 수 없다!

그렇지만 모든 전시실을 돌아보려면 아직 멀었다. 따라서 희망을 놓지 않는다. 보물찾기가 계속된다. 아주 작은 디테일, 희미한 낌새도 빠트리지 않고 관찰한다. 이미 살펴본 다른 여섯 유형에 속하는 프리즈는 점점 쌓여간다. 수첩에 연도와 도식, 다른 스케치 들이 이리저리 얽혀 있다. 그런데도 수수께끼 같은 일곱번째 프리즈가 나타날 기미는 아직 안 보인다.

갑자기 아드레날린이 확 분출된다. 진열창 너머로 조금 보잘것없는 토기 조각 하나를 막 발견했다. 위에서부터 아래로, 일부분이긴 하지만 명확하게 보이는 프리즈 네 개가 겹쳐져 있는데, 그중 하나가 순식간에 내 시선을 사로잡는다. 위에서 세번째, 이 프리즈는 비스듬히 연속적으로 놓인 사각형의 단편과 유사한 모양새다. 나는 눈을 깜빡였다. 프리즈를 자세히 관찰했고, 시야에서 사라지기라도 할까봐 재빨리 수첩에 무늬를 그려넣었다. 내가 찾던 바로 그 기하학이다. 미끄럼 반사에 정확히 들어맞는다. 마침내 일곱번째 프리즈가 그 얼굴을 드러낸다.

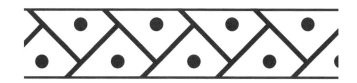

토기 조각 옆에 놓인 설명문에는 다음과 같이 쓰여 있다.

점이 찍힌 마름모 모양의 가로띠 장식이 있는 원통형 물잔 토기 조각
— 기원전 5000년대 중반

머릿속으로 그려놓은 연대기에 이 프리즈를 배치한다. 기원전 5000년대 중반이라. 아직 선사시대. 문자가 발명되기 천 년도 더 전에, 메소포타미아 토기공들은 알지도 못한 채 6000년 이후에나

밝혀지고 증명될, 어떤 정리의 모든 경우를 망라한 목록을 작성한
셈이다.

  전시실 몇 개를 지나 일곱번째 유형에 속하는, 손잡이가 세 개 달
린 토기와 마주친다. 무늬가 나선으로 변형되어 있지만 같은 기하학
구조다. 조금 더 지나니 또 다른 토기가 나타난다. 작업을 계속하고
싶지만 갑자기 실내 장식이 바뀌고 동양 전시관의 끄트머리에 다다
른다. 계속 가면 그리스 전시관에 도착한다. 마지막으로 수첩을 슬
쩍 쳐다보니, 미끄럼 반사 프리즈는 한 손으로 셀 수 있을 정도다.
휴, 못 찾을 뻔했다.

• 어떻게 일곱 가지 프리즈를 알아볼까? •

  첫번째 유형의 프리즈는 어떤 기하학적 특징도 없다. 단순
한 무늬가 대칭도 회전의 중심점도 없이 반복된다. 특히 기
하학적 문양이 아닌 동물과 같은 상형 문양이 있는 경우가
여기에 해당한다.

수학에 관한 어마어마한 이야기

두번째 유형은 가로축을 중심으로 무늬가 위아래 대칭으로 나타나는 프리즈다.

세번째 유형은 세로축이 있는 프리즈다. 똑같은 무늬가 가로로 계속해서 반복되고 따라서 세로축도 계속 반복된다.

네번째 유형은 반 바퀴를 회전시켜도 변하지 않는 프리즈다. 이 유형의 프리즈는 그대로 보든, 위아래를 돌려서 보든 똑같은 무늬다.

다섯번째 유형은 미끄럼 반사 프리즈다. 이것이 메소포타미아 전시관에서 마지막으로 찾아낸 바로 그 프리즈다. 만약 여러분이 이 유형의 프리즈 중 하나를 가로축을 대칭으로 해서 돌려보면 (두번째 유형과 같은 방식이다) 여전히 같은 무늬지만 문양의 절반 길이만큼 옮겨져 있을 것이다.

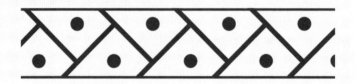

여섯번째와 일곱번째 유형은 새로운 기하학적 변형은 아니지만 앞선 유형 중 여러 가지 특성을 한꺼번에 지니고 있다. 여섯번째 유형의 프리즈는 수평 대칭, 수직 대칭, 반 바퀴 회전의 중심점을 동시에 가지고 있다.

일곱번째 유형은 수직 대칭, 회전의 중심점, 미끄럼 반사를 동시에 가지고 있다.

수학에 관한 어마어마한 이야기

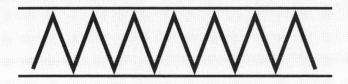

이 유형들은 기하학적 구조에 관련 있으므로 다양한 모양이 나올 수 있다는 점을 알아야 한다. 따라서 다음 프리즈들은 모양은 모두 달라도 전부 일곱번째 유형에 해당한다.

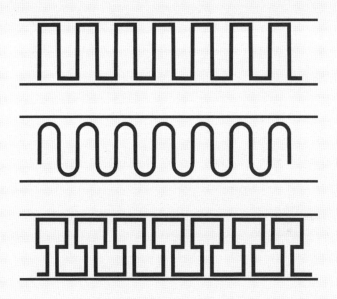

그러니까 우리가 상상할 수 있는 모든 프리즈는 이 일곱 가지 유형 가운데 하나에 속한다. 기하학적으로 다른 조합은 불가능하다. 흥미롭게도 여섯번째와 일곱번째 유형의 프리

즈가 가장 흔하다. 원래 대칭을 가진 문양을 그리기가 대칭
이 끼의 없는 모양을 그리기보다 더 쉽다.

메소포타미아에서 거둔 성공에 한껏 들뜬 나는 바로 그다음 고대
그리스 시대로 출격을 준비한다. 그리스 전시관에 도착하자마자 시
선을 어디에 두어야 할지 모르겠다. 이곳에서 프리즈 찾기는 아이들
장난에 불과할 정도로 간단하다. 수첩에 적어둔 일곱 가지 유형의
프리즈를 찾아내려면 몇 걸음을 내딛거나, 진열창 몇 군데를 들여다
보거나, 붉은 문양을 가진 양손잡이 검은색 항아리 몇 점을 살펴보
기만 하면 된다.

이쪽 전시관은 양이 너무도 방대해서, 나는 메소포타미아 전시관
에서 했던 것과 같은 통계를 낼 수 없다는 사실을 깨닫고 재빨리 포
기한다. 그리고 그리스 시대 사람들의 창의력에 깜짝 놀란다. 계속
해서 더 복잡하고 기발한 새로운 문양이 나타나기 때문이다. 내 주
위를 둘러싼, 서로 얽혀 있는 이 문양들을 머릿속으로 풀어내려면
여러 번 멈춰 서서 집중해야 한다.

한 전시실을 둘러보는 도중에 붉은색 문양의 루트로포로스lutro-
phoros를 보자 그만 말문이 탁 막힌다.

루트로포로스란 목욕용 물을 옮기는 용도의 항아리로, 양쪽에 손
잡이가 달려 있고 긴 목을 가진 형태인데, 전시관의 루트로포로스는

길이가 거의 1미터에 달한다. 이 항아리에 프리즈가 여러 개 그려져 있어서 나는 이것들을 유형별로 분류하기 시작한다. 하나, 둘, 셋, 넷, 다섯. 몇 초 만에 일곱 유형 중 다섯 가지 기하학 구조를 발견한다. 항아리가 벽에 바짝 붙어 있지만 몸을 조금 기울이면 잘 보이지 않게 숨겨진 부분에서 여섯번째 유형을 찾아볼 수 있다. 이제 딱 하나가 남았다. 일곱 가지를 모두 찾는다면 너무 멋질 것 같다. 놀랍게도 못 찾은 한 가지 유형은 이전 시대와 같은 모양의 프리즈가 아니다. 시대가 변했고, 마찬가지로 유행도 바뀌었다. 하나 남은 프리즈는 미끄럼 반사 모양이 아니라, 수직 대칭과 회전, 미끄럼 반사가 결합된 프리즈다.

나는 열과 성을 다해서 나머지 하나를 찾는다. 항아리의 제일 구석진 부분까지도 열심히 뒤진다. 그래도 발견하지 못한다. 조금 실망해서 포기하려던 순간, 자그마한 한 부분에 시선이 쏠린다. 항아리 중심부에 두 인물이 그려진 장면이 있다. 맨 처음 봤을 때는 이 부분에 프리즈가 없는 것 같았다. 하지만 이 장면의 오른쪽 하단에 있는 한 사물이 내 시선을 잡아끈다. 중앙에 있는 인물이 기대고 있는 항아리가 바로 그것이다. 항아리 위에 항아리가 그려져 있다니! '액자 구조' 기법만으로도 웃음이 난다. 나는 눈을 찡그려서 살펴본다. 그림은 약간 손상됐지만, 틀림없다. 항아리 위에 그려진 항아리에 프리즈가 있다. 기적이다! 내가 찾던 마지막 프리즈가 바로 여기에 있다!

찾고 또 찾으려고 노력해봤자 이 항아리와 똑같은 특징을 지닌 토기는 단 한 개도 찾지 못할 것이다. 이 루트로포로스는 루브르가 기긴 소장품 중에 일곱 가지 유형이 프리즈른 한 항아리에 전부 가지고 있는 유일한 작품이다.

조금 더 가면 다른 놀라운 일이 나를 기다리고 있다. 세상에나, 3D 프리즈가 있다! 나는 이제까지 원근법이 르네상스 시대의 발명이라고 믿었다. 그런데 이 예술가는 어두운 부분과 밝은 부분을 정교하게 배치했고, 이 커다란 항아리 주변 전체에 기하학적 형태로 입체감을 주면서 음영 효과를 낸 것이다.

점점 더 나아갈수록 새로운 질문들이 떠오른다. 어떤 토기는 프리즈가 없는 대신 타일로 장식되어 있다. 다른 말로 하면 기하학적 문양이 항아리를 둘러싸는 얇은 띠 한 줄에 그치지 않고 이제부터는 항아리의 표면 전체를 뒤덮으면서 기하학적 조합의 가능성을 확장한다.

그리스 시대 이후로는 이집트, 에트루리아, 로마 시대가 이어진다. 심지어 바위에 레이스 문양이 그려져 있는 모양도 발견된다. 바위 위에 그려진 선들은 완전히 일정한 형태의 그물 모양으로, 위아래로 번갈아 교차하며 얽혀 있다. 그리고 나니 마치 전시품만으로는 만족하지 못하기라도 한 것처럼, 내가 루브르 박물관 자체를 관찰하고 있다는 사실을 문득 깨닫는다. 루브르의 천장, 타일로 된 바닥, 문틀…… 집으로 돌아오는 길에 나는 멈출 수 없을 것만 같은 느낌이

든다. 길거리에서 건물의 발코니, 행인들 옷에 있는 무늬와 지하철 통로의 벽까지 바라본다.

수학이 그 모습을 드러내는 것을 보기 위해서는 세상을 바라보는 시선을 바꾸기만 하면 된다. 수학을 탐구한다는 것은 매력적이며 끝이 없다.

그리고 모험은 이제 막 시작됐을 뿐이다.

2장

그리고 수가 있으라

이 시기에 메소포타미아에서는 모든 것이 순조롭게 진행된다. 기원전 4000년대 말이 되자, 우리가 떠나온 작은 마을들은 번창하는 고대 도시로 변모한다. 이제 몇몇 도시에서는 수만 명이 거주한다. 이제껏 한 번도 본 적 없는 수준까지 기술이 발전한다. 건축가, 금속 공예인, 도공, 직조공, 목수, 조각가 등 직업이 무엇이든 간에, 장인들은 그들 앞에 놓인 기술적 과제들을 해결하기 위해 재능을 끊임없이 새로이 입증해야 한다. 금속을 다루는 기술은 아직까지 완성 단계에 이르지는 않았지만 계속해서 발전하는 중이다.

전 지역에 도로망이 조금씩 구축된다. 문화와 무역 교류가 증가한다. 점점 더 촘촘해진 서열이 자리를 잡고, 호모 사피엔스는 관리와 행정의 즐거움을 발견한다. 이 모든 것이 엄청난 조직을 필요로 한다! 이런 상황에서 사회 질서를 어느 정도 구축하려면, 이제는 인류가 문자를 발명하고 역사 시대로 들어서야 할 시간이다. 차근차근 준비되어가는 이 혁명의 시기에 수학은 전위적 역할을 해낸다.

이제 유프라테스 강을 따라 최초로 정착 생활에 성공한 마을들이 있던 북부 고원 지대를 벗어나자. 그리고 메소포타미아 평야 지대에 위치한 수메르 지역으로 향하자. 바로 이곳, 남부 스텝 지대에 주거지가 집중되어 있다. 강을 따라가다보면 키시Kish, 니푸르Nippur, 슈루팍Shuruppak 같은 고대 도시들을 마주친다. 이들 도시는 형성된 지 아직 얼마 되지 않았지만, 그들 앞에 펼쳐질 수세기의 시간이 영화와 번영을 약속할 것이다.

불현듯 우루크Uruk가 그 모습을 드러낸다.

수많은 사람이 밀집한 고대 도시 우루크는 서아시아 지역에서 두루 명성과 위력을 떨친다. 우루크는 건물들이 대부분 흙을 구워 만든 벽돌로 지어져서 100헥타르가 넘는 도시 전체에 주황빛이 펼쳐져, 목적지를 정하지 않은 채 산책하는 사람은 복잡한 골목길 사이를 몇 시간이고 헤맬 수 있다. 도시 중심부에는 거대한 사원들이 들어서 있다. 이들 사원에서는 신들의 아버지인 안An과 하늘의 여신 이난나Inanna를 모신다. 에안나Eanna 사원은 특히 이난나 여신을 모시기 위해 세워졌는데, 사원 건축물들 중에 가장 큰 것은 길이 80미터, 너비 30미터나 된다. 수많은 관광객에게 깊은 인상을 남기는 데는 다 이유가 있다.

여름이 다가오고, 이 시기가 되면 매년 그러하듯 온 도시가 유달리 혼잡해진다 주만가 양 떼가 북부 방목 지대로 떠나고 여름이 끝날 무렵에나 놀아올 것이나. 주인에게 양 떼를 무사히 돌려보내려면, 양치기들은 여러 달 동안 양 떼를 이끌면서 필요한 식량과 안전을 책임질 의무가 있다. 에안나 사원도 가축을 직접 소유하고 있고, 그중 큰 무리는 수만 마리나 된다. 양 떼가 이동할 때, 어떤 대열은 그 수가 엄청나게 많아서 약탈의 위험으로부터 가축을 보호하기 위해 사병이 동원되기도 한다.

그렇게까지 하는데도 주인들로서는 몇 가지 조치를 취하지 않고는 양 떼를 떠나 보낼 수 없었다. 주인은 양치기들과 분명하고 확실하게 계약을 맺었다. 처음 떠난 무리가 온전히 그대로 되돌아와야 한다는 계약이었다. 대열 중 일부가 무리에서 이탈하거나, 양치기가 몇 마리를 슬쩍하는 것은 결코 있어서는 안 될 일이었다.

그러면 이제 문제 하나가 생긴다. 처음에 떠난 양 떼와 되돌아온 양 떼의 규모를 어떻게 비교할 것인가?

이 문제를 해결하기 위해 몇 세기 전부터 점토로 만든 코인 체계가 고안된 상태였다. 코인에는 여러 종류가 있는데, 각각의 코인은 형태나 무늬에 따라 하나 혹은 둘 이상의 사물과 동물을 세는 데 사용된다. 양 한 마리를 세는 데는 십자가 모양이 그려진 원반형 코인 한 개를 사용한다. 양 떼가 출발할 때 양의 수와 일치하는 개수대로 코인을 용기에 담는다. 양 떼가 돌아올 때 빠트린 양이 없는지 확인하려면 용기에 담겨 있는 코인의 개수와 돌아온 양의 마릿수를 비교하면 된다. 시간이 흐른 뒤, 이 코인은 라틴어로 '작은 조약돌'이라는 뜻을 가진 '칼쿨리calculi'라는 이름으로 불리게 되는데, 이것이 바로 '계산calcul'이라는 프랑스어 단어의 시초다.

이 방법은 편리하지만 단점이 하나 있다. 누가 코인을 가지고 있을 것인가 하는 문제다. 왜냐하면 양쪽 다 불신의 여지가 있기 때문이다. 양치기의 처지에서는 양을 데리고 떠난 사이에 비양심적인 주인이 보관함에 코인 몇 개를 더 집어넣지는 않을까 하는 걱정이 생길 수 있다. 주인이 애초에 존재하지도 않은 양을 잃어버렸다며 손해 배상을 요구할지도 모른다.

그래서 사람들은 방법을 모색하고 머리를 쥐어짜내며 마침내 해결책을 찾는다. 점토를 속이 빈 공 모양으로 빚어 그 속에 코인을 담아서 밀폐된 채로 봉인한다. 이것이 봉니封泥, bulle-enveloppe인데, 그 진위 여부를 보증하기 위해 주인과 양치기 모두 겉에 인장을 찍는다. 이제 봉니를 깨뜨리지 않고는 코인의 개수를 변경할 수 없으니 양치기들은 마음 편히 떠날 수 있다.

하지만 이번에는 주인들이 그런 방법에도 단점이 있음을 알아챈다. 사업을 하다보면 언제든지 자신이 소유한 양이 몇 마리인지 알아야 할 필요가 있다. 그렇다면 어떻게 해야 할까? 양이 몇 마리인지 외워야 할까? 불가능하다. 수메르 언어에 그렇게 큰 수를 지칭하는 단어가 아직 없다. 각각의 봉니마다 인장으로 봉인하지 않은 것을 한 개씩 더 만들어서 가지고 있어야 할까? 그러자니 또 굉장히 불편한 노릇이다.

마침내 해결책을 찾아낸다. 갈대 가지를 꺾어, 안에 들어 있는 코인의 그림을 봉니 표면에 표시해둔다. 그러면 그것을 깨뜨리지 않고도 안에 든 내용물을 언제든지 맘껏 확인할 수 있다.

이 방법은 곧 사람들의 마음에 들었는지, 양을 셀 때뿐만 아니라 어떤 종류의 계약을 체결하든 폭넓게 사용된다. 보리나 밀 같은 곡물, 양모, 직물, 금속, 보석, 광물, 기름, 항아리 등은 모두 저마다 해당하는 코인이 있다. 심지어 세금을 걷는 데도 코인이 사용되었다. 기원전 4000년대 말경, 우루크에서 이루어지는 모든 정식 계약은 점토로 만든 코인을 넣고 인장을 눌러 찍은 봉니로 체결되어야 했다.

이렇게 모든 일이 원활하게 진행되다가, 어느 날 기막힌 생각이 불현듯 떠오른다. 이런 아이디어는 획기적이면서도 너무나 간단해서 왜 이전에는 이렇게 하지 않았는지 되묻게 만든다. 가축의 수를 봉니 표면에 새겨놓았다면 그 안에 코인을 계속해서 넣어둘 이유가 무엇인가? 아무 점토 조각에라도 코인 그림을 그려놓기만 하면 되지 않을까? 예를 들면 평평한 판 위에다가 말이다.

그리고 우리는 이것을 문자라고 부를 것이다.

나는 다시 루브르 박물관으로 돌아온다. 고대 동양 전시관 소장품들이 이와 같은 역사의 증거품들이다. 이 봉니들을 처음 보았을 때

수학에 관한 어마어마한 이야기

인상 깊었던 점은 바로 그 크기다. 수메르인들이 진흙을 엄지손가락으로 돌려가면서 만든 이 작은 구형球形 봉니는 탁구공보다 그다지 크지 않다. 코인은 1센티미터를 넘지 않는다.

조금 더 가면, 점토판들이 처음으로 등장하고 그 수가 점점 더 늘어나다가 이내 진열장 전체를 가득 메운다. 문자는 조금씩 더 정교해지고, 조그만 눈금들이 그려진 못 모양의 쐐기문자 모양새를 갖춘다. 서력西曆이 막 시작된 무렵, 메소포타미아 최초의 문명이 사라진 이후로 이러한 점토 조각들 대부분이 몇 세기 동안이나 폐허가 된 고대 도시들의 잔해 아래에서 잠들어 있다가 17세기부터 유럽 고고학자들에 의해 발굴되었다. 이것들은 19세기 들어와서야 차츰 그 의미가 밝혀진다.

이 점토판들도 그렇게 크지 않다. 어떤 점토판은 보통 명함 크기 정도밖에 안 되지만 수백 개씩 줄줄이 적힌 조그마한 부호들로 뒤덮여 있다. 메소포타미아 서기들이 글씨를 쓰면서 점토판의 손톱만 한 공간이라도 놓치는 일은 생각조차 할 수 없다. 점토판 조각들 옆에 놓인 박물관의 설명문을 보니, 이 신비로운 부호들이 무슨 뜻인지 알겠다. 이들은 가축이나 보석, 곡물에 관한 점토판이다.

내 옆에서는 몇몇 관광객이 사진을 찍고 있는데, 다름 아닌 태블릿 PC〔프랑스어로는 점토판을 가리키는 '판'과 '태블릿 PC' 모두 동일한 단어인 타블레트tablette를 사용한다—옮긴이〕로 찍고 있다. 점토에서 시작해 대리석, 밀랍, 파피루스, 양피지를 거쳐 종이에 이르기까지, 이렇게나 서로 다른 매체에 문자를 쓰다가, 이제는 예전에 흙으로 만들었던 점토판의 형태로 태블릿 PC가 만들어지다니, 역사의 재미난 한 장면이다. 점토판과 태블릿 PC가 서로 마주보고 있는 장면은 어딘가 감동적이기까지 한 구석이 있다. 5000년 후에는 이 점토판과 태블릿 PC가 진열장의 안과 밖에 있는 것이 아니라 한편에 나란히 놓여 있지는 않을지 누가 알겠는가?

시간이 흘렀고, 이제 우리는 기원전 3000년대 초에 와 있다. 그사이 수는 한 단계를 넘어섰다. 수의 대상이 되는 사물로부터 해방된 것이다! 이제까지 봉니와 최초의 점토판에서 계산의 기호는 그 기호가 지칭하는 사물과 관련이 있었다. 양은 소가 아니며, 따라서 양을 세기 위한 기호는 소를 세기 위한 기호와 같지 않았다. 그리고 몇 개가 있는지 셀 수 있는 개별 사물들은 고유의 코인을 가지고 있는 것처럼 고유의 기호도 가지고 있었다.

하지만 이제 이 모든 것이 끝났다. 수가 고유의 기호를 갖게 된 것이다. 쉽게 말해서 양 여덟 마리를 세기 위해 더는 양을 지칭하는 기호 여덟 개를 사용하지 않는 대신, 숫자 8을 적고 그 뒤에 양의 기호를 적으면 되는 식이다. 그리고 소 여덟 마리를 세기 위해서는 양의 기호를 소의 기호로 바꾸기만 하면 된다. 숫자는 그대로 똑같이 둔다.

사유의 역사에서 이 과정은 없어서는 안 될 본질적인 과정이다. 수학이 탄생한 날을 딱 하루 꼽아야 한다면, 나는 아마 이때를 고를 것이다. 수가 그 자체로 존재하기 시작한 이 순간, 더 고차원적인 사고를 위해 수가 현실에서 떨어져나온 바로 이 순간 말이다. 이전에 있었던 모든 일들은 준비 작업에 불과했다. 주먹도끼, 프리즈, 코인 등은 수의 탄생을 예비한 전주곡 같은 것들이었다.

수는 이제 추상화 단계를 통과했는데, 이는 수학이라는 학문의 정체성이 생겨났음을 의미한다. 다시 말해 가장 높은 수준의 추상적 작업을 할 수 있는 과학이 되었다는 뜻이다. 수학이 연구하는 대상들은 물리적 실체가 없다. 그것들은 실재하지 않으며, 원자로 구성된 물질이 아니다. 단지 사유에 불과하다. 하지만 이러한 사유는 세상을 이해하는 데 가공할 효율성을 발휘한다.

문자의 출현 과정에서 수를 표기해야 할 필요성이 바로 이와 같은 결정적 순간에 대두된 것은 아마도 우연이 아닐 것이다. 왜냐하면 다른 사유들은 별다른 어려움 없이 구전될 수 있었지만, 반대로 수 체계를 문자 표기 없이 구성하기는 어려웠기 때문이다.

오늘날의 우리는 수를 인식하려 할 때, 수를 표기하지 않고 생각하는 것이 가능한가? 내가 여러분에게 양 한 마리를 떠올려보라고 하면 여러분은 무엇을 떠올리는가? 여러분은 아마도 다리가 네 개 있고 '메에' 하고 울며 등이 털로 덮인 동물을 떠올릴 것이다. 'ㅇ, ㅑ, ㅇ' 이렇게 세 철자로 구성된 '양'이라는 단어를 머릿속에 떠올리지는 않을 것이다. 하지만 이번에는 수 '백이십팔'이라고 이야기하면 여러분은 무엇을 떠올리는가? 여러분은 머릿속으로 '1, 2, 8'이라는 형태를 가지고 있고, 비록 만질 수는 없어도, 잉크로 쓴 것처럼 연속적으로 쓰인 일련의 숫자를 떠올리지 않는가? 우리가 어떤 큰 수를 떠올릴 때 활용하는 정신적 표상은 그 수의 문자 형태와 반드시 연관되어 있는 것으로 보인다.

이러한 경험은 그때까지 없던 일이다. 수를 제외한 모든 것은 문자가 단지 구어口語에서 이미 존재하던 것을 다시 옮겨 적는 수단인 반면, 수에 관한 한 문자가 언어를 규정한다. 여러분이 '백이십팔'이라고 발화할 때, 128을 '100, 20, 8'이라고 그대로 따라 읽기만 한다는 사실을 생각해보라. 어느 한계점을 넘어서면 문자라는 매개체 없이 수에 대해 말하는 것이 불가능하다. 큰 수를 지칭하는 단어는 글로 쓰이기 전에는 존재하지 않았다.

오늘날에도 몇몇 원주민들의 언어는 수를 지칭하는 데 매우 제한적인 단어만을 가지고 있다. 아마존의 마이시 강 유역에서 수렵과 채집을 하며 살고 있는 피라항 부족은 둘까지밖에 세지 않는다. 그 이상을 넘어가면 '여럿' 또는 '많음'을 의미하는 똑같은 단어를 사용한다. 같은 아마존 유역에서 문두루쿠 부족은 다섯, 즉 한 손으로 셀 수 있는 수를 지칭하는 단어만 가지고 있다.

우리가 살고 있는 현대 사회에서 수는 우리의 일상을 점령하고 있다. 수는 도처에 널려 있고 없어서는 안 될 정도여서, 우리는 수라는 사유가 얼마나 뛰어난지, 그리고 우리 선조들이 이 자명한 이치를 마음속에 품기 위해 몇 세기나 되는 시간이 필요했다는 사실을 종종 잊는다.

시간이 흘러 수를 표기하기 위한 여러 방안이 생겼다. 그중 가장 간단한 방법은 원하는 수를 적기 위해 똑같은 개수만큼 기호를 그리는 것이었다. 작은 막대기들을 옆으로 나란히 그리는 것처럼 말이다. 예를 들어 게임을 하면서 점수를 매길 때, 지금도 우리가 자주 사용하는 방식이다.

이와 같은 방법 중에 가장 오래되고 잘 알려진 흔적은, 수메르인들이 문자를 발명하기 훨씬 이전으로 거슬러 올라간다. 현재 콩고민주공화국에 있는 에두아르 호숫가에서 1950년대에 이샹고Ishango 뼈가 발견되었는데, 약 2만 년 전의 것이다. 이 뼈는 길이가 10~14센티미터인데 비교적 규칙적으로 간격을 둔 수많은 눈금이 새겨져 있는 것이 특징이다. 이 눈금의 역할은 무엇이었을까? 아마도 최초의 셈 체계였을 것이다. 어떤 사람들은 이것이 달력이라고 주장하기도 하고, 또 다른 사람들은 꽤나 발전된 수의 지식 체계를 가지고 있었다고 추정하기도 한다. 지금 우리가 정확한 사실을 알기는 어렵다. 이 뼈 두 조각은 현재 벨기에 브뤼셀에 있는 자연사박물관에서 볼 수 있다.

한 개가 추가된 것을 표시하기 위해 눈금 하나를 더 추가하는 이런 셈 방식은 상대적으로 큰 수를 다루어야 할 필요성이 생기자마자 즉가 한계에 부딪힌다. 좀 더 빨리 세기 위해 이게는 덩이끼로 뷝기 시작한다!

메소포타미아에서 사용된 코인은 이미 여러 단위를 나타낼 수 있었다. 예를 들어 양 열 마리를 나타내는 특정 코인이 존재했다. 문자가 생기기 시작한 과도기에도 이 방법은 유효했다. 이런 식으로 10, 60, 600, 3600, 36000 단위 묶음을 나타내는 코인들을 찾아볼 수 있다.

이 기호들을 만드는 데 어떤 논리를 세우려고 했음을 알 수 있다. 왜냐하면 60이나 3600의 안쪽에 동그라미를 그려넣으면, 이는 10을 곱했다는 의미이기 때문이다. 쐐기문자가 사용되면서부터는 처음에 사용되던 이 기호들이 점차 변형된다.

메소포타미아와 지리적으로 가까웠던 이집트도 곧 문자를 사용했는데, 기원전 3000년대 초부터 기수법을 나타내는 기호를 자체적

수학에 관한 어마어마한 이야기

으로 발전시켰다.

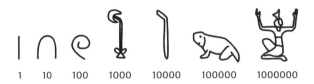

| 1 | 10 | 100 | 1000 | 10000 | 100000 | 1000000 |

이집트의 수 체계는 완전한 십진법이다. 각각의 기호는 바로 앞 기호보다 열 배 큰 값을 지닌다.

문자 표상의 가치를 더하기만 하면 되는 이 가법 체계는 전 세계 적으로 커다란 성공을 거두었으며, 이를 약간 변형한 체계가 고대 전체와 중세의 일정한 시기까지도 나타났다. 특히 그리스인들과 로마인들이 이 가법 체계를 사용했는데, 이들은 개별 알파벳 문자를 숫자 기호로 활용했다.

이러한 가법 체계에 맞서서 새로운 숫자 표기 방식이 조금씩 그 모습을 드러낸다. 위치기수법位置記數法이 바로 그것이다. 위치기수법 에서는 숫자가 어느 자리에 있는지에 따라 그 가치가 달라진다. 이와 같은 방식을 처음으로 사용한 사람들 역시 메소포타미아인들이다.

기원전 2000년대에 이르러서는 고대 도시 바빌로니아가 서아시 아에서 번영하기 시작한다. 쐐기문자는 여전히 유행하지만, 이제는 1을 나타내는 못 모양과 10을 나타내는 서까래 모양, 이렇게 딱 두 가지 기호만 사용한다.

이 두 가지를 가지고 덧셈을 해나가는 방식으로 59까지 기록할 수 있다. 예를 들어 32는 서까래 세 개 뒤에 못 두 개를 합하면 된다.

그리고 난 후 60부터는 묶음 단위를 사용하기 시작하며, 60 단위를 적는 데 사용하는 것도 서까래 아니면 못 모양이다. 현재 우리가 사용하는 표기법과 마찬가지로 오른쪽에서 왼쪽으로, 즉 오른쪽 첫 자리에서부터 차례로 1단위, 10단위, 100단위 등을 나타낸다. 바빌로니아에서는 먼저 1단위, 그다음은 60단위, 3600단위(60×60단위) 등으로 이어지며, 각각의 자리는 그 앞의 단위보다 60배만큼 크다.

예를 들어 145라는 수는 120을 나타내는 60단위 두 개에 1단위 스물다섯 개를 더한다. 따라서 바빌로니아인들은 다음 그림과 같은 방식으로 145를 기록했을 것이다.

이러한 체계 덕분에 바빌로니아 학자들은 매우 뛰어난 지식을 발전시켜나갔다. 그들은 덧셈, 뺄셈, 곱셈, 나눗셈이라는 기본 사칙연산은 물론이고, 제곱근, 거듭제곱, 반비례 등도 알고 있었다. 그들은 완벽한 수표數表를 만들었고, 방정식을 세워서 그 방정식의 해解를 구할 수 있는 적절한 방법론을 발전시켰다.

하지만 이 모든 지식은 곧 잊힌다. 바빌로니아 문명은 쇠퇴하고, 이들이 이뤄낸 수학적 성과의 대부분이 역사의 뒤안길로 사라진다. 이렇게 위치기수법의 시대는 끝나고 만다. 방정식도 끝난다. 이러한 문제들이 다시 한 시대의 풍습이 되려면 몇 세기를 기다려야 한다. 그리고 메소포타미아인들이 어떤 문명보다 먼저 이에 대한 답을 가지고 있었다는 사실을 알려주는 쐐기문자가 적힌 점토판은 19세기에 이르러서야 판독이 가능해진다.

바빌로니아 이후에는 마야인들이 마찬가지로 위치기수법을 고안해내지만 이십진법을 기반으로 한다. 그 후 십진법 체계가 창안되는 것은 인도인의 차례에 이르러서이다. 인도의 십진법은 아랍 학자들에 의해 다시 사용되고, 그 후 중세 말경에 유럽으로 건너간다. 이러한 연유로, 지금 우리가 사용하는 기호가 아라비아 숫자라는 이름을 얻어 전 세계로 퍼져나갔다.

0 1 2 3 4 5 6 7 8 9

이렇게 숫자를 발명하고서 인류는 자신을 둘러싼 세상을 기술하고, 분석하고, 또 이해하기 위해 만든 도구가 기대 이상이라는 사실을 차츰 깨닫는다.

숫자가 생겨서 너무 기쁜 나머지, 가끔은 조금 과하다 싶을 정도로 숫자를 활용한다. 숫자를 가지고 다양한 점을 보기도 하는데, 숫자점이란 숫자에 마법적 특성을 부여하여 그 의미를 과도하게 해석하고, 숫자를 통해 신의 계시와 세상의 운명을 읽어내려는 점술을 가리킨다.

기원전 6세기, 피타고라스는 수를 사용해 자신의 철학의 근본 개념을 만든다. 그는 "천지만물이 수다"라고 주장한다. 피타고라스에 따르면, 기하학 도형을 만드는 것이 수이며, 모든 존재를 구성하는 물질의 네 가지 기본 요소인 불, 물, 땅, 공기를 만드는 것이 도형이다. 이런 식으로 피타고라스는 수를 축으로 삼아 하나의 완성된 체계를 만든다. 홀수는 남성과 관련이 있는 반면, 짝수는 여성과 관련이 있다. 삼각형 모양으로 표현된 수 10[57쪽 그림 참고─옮긴이]은 '테트락티스tetractys'라고 불리는데, 우주의 완벽함과 조화를 상징한다. 또한 피타고라스학파는 수의 이름을 적을 때 사용하는 문자와 그 수의 값을 연계해서 성격을 파악할 수 있다고 믿는 숫자점의 시초가 된다.

이와 동시에 수란 무엇인가 하는 논의도 시작된다. 어떤 학자들은 단위 1은 수가 아니라고, 다시 말해 수는 여러 개를 지칭하는 것이므로 2부터 수로 간주해야 한다고 주장한다. 다른 수들이 생성되려면

1은 홀수인 동시에 짝수여야 한다는 주장을 하는 데까지 이른다.

그 후로는 영(0), 음수, 허수 등이 지금까지도 계속해서 활기찬 논의를 불러일으켜왔다. 매번 수와 연관된 새로운 사유가 나타날 때마다 논쟁에 불이 붙었고, 수학자들은 사고 체계를 확장시켜왔다.

요컨대 수는 쉼 없이 질문을 제기할 것이고, 인류가 자신들의 머릿속에서 튀어나온 이 기이한 창작품을 다루는 법을 배우기까지는 시간이 더 필요할 것이다.

3장

—

기하학을 모르는 자,
이 문으로 들어오지 말라

숫자가 발명된 후 수학이라는 단어la mathématique는 곧이어 복수형이된다. 수학이라는 학문 안에서 정수론, 논리학, 대수학 등 여러 분야가 조금씩 움터서 충분히 성숙할 때까지 발전해가고, 이것들이 각각개별적인 학문으로 자리를 잡는다.

이 세부 학문들 중 하나가 재빨리 자신의 장점을 활용해 우위를점하고 그리스·로마 시대의 가장 위대한 학자들의 마음을 사로잡는다. 바로 기하학幾何學이다. 앞으로 탈레스, 피타고라스, 아르키메데스 같은 최초의 스타급 수학자들의 명성을 책임질 학문이 바로 기하학이며, 지금도 여전히 우리가 배우는 교과서에는 그들의 이름이 빠지지 않고 등장한다.

그렇지만 기하학은 위대한 사상가들의 손에서 다루어지기 전에실생활에서 일어나는 문제를 해결하는 데 도움이 되면서부터 먼저 인정받기 시작한다. 단어의 어원에서 알 수 있듯이, 기하학은 무엇보다도 토지를 측정하는 과학이었으며, 최초의 측량사들은 아마도 수학자에 가까웠을 것이다〔기하학은 프랑스어로 'géométrie'인데, '지리'를 의미하는 'géo-'라는 접두사와 '측정법'이나 '평가' 등의 뜻을 가진 '-métrie'라는 접미사의 합성어다—옮긴이〕. 따라서 토지 분배 문제는 이 분야의 고전에 속한다. 밭을 어떻게 이등분할 것인가? 넓이에 근거를 두어 토지의 가격을 어떻게 매길 것인가? 두 밭뙈기 중에 강과 더 가까운 쪽은 어디인가? 가장 짧은 구간의 운하를 건설하려면 어느 물길을 따라가야 하는가?

이 모든 질문은 고대 사회에서 매우 중요한 사안들이었고, 이 시대의 경제는 본질적으로 농업과 토지 분배를 둘러싸고 구축되어 있었다. 앞의 질문들에 답하기 위해 기하학적 지식이 조성되고 풍성해져서 다음 세대로 전수되었다. 어떤 사람이 이러한 지식을 갖춘다는 것은 이론의 여지없이 그가 사회에서 중심적이고 필수적인 자리를 맡는다는 뜻이었다.

측량 전문가들에게 줄은 측정 도구 가운데 대체로 제일 우선시되는 도구였다. 이집트에서 줄을 당기는 일은 그 자체로 하나의 직업이었다. 해마다 나일 강이 범람하면, 강 주위 밭의 지워진 경계선을 다시 확정하기 위해 측량사들에게 도움을 청했다. 측량사들은 기존의 토지 정보를 토대로 말뚝을 박았고, 밭을 가로질러 기다란 줄을 둘렀으며, 그러고 나서 강의 범람으로 지워진 경계선을 되찾기 위해 계산을 했다.

건물을 세울 때도 마찬가지로, 지면을 측정하고 건축 설계안대로 건물을 짓기 위해 필요한 구역을 정확하게 표시하고자 가장 먼저 작업을 하는 사람들이 바로 측량사들이었다. 그리고 사원이나 중요한 기념물을 지을 때, 이따금 파라오가 상징적 의미에서 직접 첫 줄을 당기러 오기도 했다.

줄은 기하학적으로 볼 때 만능 도구라고 할 만했다. 측량사들은 줄을 자, 컴퍼스, 직각자 등으로 사용했다.

자로 쓰이는 경우는 간단한 편이다. 고정된 두 지점 사이에 줄을 팽팽하게 당겨놓고 그 줄을 따라 직선을 그려보라. 만약 여러분이 눈금이 그려진 자를 선호한다면 줄에다가 균일한 간격으로 매듭을 짓기만 하면 된다. 컴퍼스로 활용하는 것도 그다지 어려운 일이 아니다. 말뚝의 양끝 중 한 군데를 줄로 묶어 고정시키고 나머지 한 쪽을 빙 둘러보라. 짜잔! 원이 완성된다. 그리고 줄에 눈금이 표시되어 있다면, 여러분은 원의 반지름 길이를 완벽하게 조정할 수 있다.

하지만 직각자는 조금 복잡하다. 여러분이라면 어떤 방법으로 직각을 그리겠는가? 잠시 이 질문에 집중해보자. 조금만 찾아보면 서로 다른 여러 방법을 생각해낼 수 있다. 예를 들어 두 원을 서로 교차하게 그리면, 두 원의 중심점을 지나는 직선은 두 원의 교차점을 잇는 직선과 수직이 된다. 자, 여러분이 만든 직각이다.

이러한 방식으로 직각을 만드는 것은 이론적으로는 완벽하지만, 실제 현장에서는 조금 어렵다. 측량사가 직각을 만들어야 할 때마다, 혹은 이미 그려진 각도가 완벽하게 직각인지 확인하려 할 때마다 밭을 가로질러서 커다란 원 두 개를 정확하게 그려야 한다고 생각해 보라. 이 같은 방식은 작업 속도도 나지 않고 효율적이지도 않다.

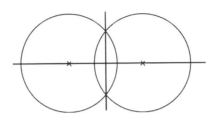

측량사들이 채택한 또 다른 방식은 더 섬세하고 실용적이다. 작업용 줄을 활용해서 직각이 있는 삼각형을 직접 만드는 방법이다. 이와 같은 삼각형을 '직각삼각형'이라고 부른다. 직각삼각형 중 가장 유명한 삼각형이 바로 3-4-5 직각삼각형이다. 매듭 열세 개를 묶어서 열두 구간으로 나누어진 줄을 만들면, 각각의 변이 세 구간, 네 구간, 다섯 구간으로 된 삼각형을 만들 수 있다. 마치 마법처럼, 세 구간과 네 구간 사이에 끼인 각은 완벽한 직각이다.

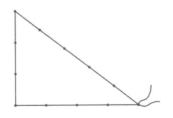

이미 4000년 전에, 바빌로니아인들은 직각삼각형을 만들 수 있는 수의 조합을 적어놓은 표를 가지고 있었다. 현재 뉴욕의 컬럼비아 대학교 소장품 중 하나인 '플림턴Plimpton 322 점토판'은 기원전 1800년 무렵에 만들어진 것인데, 여기에 이러한 열다섯 개 조합이 적혀 있다. 3-4-5 외에도 이 점토판에서 다른 직각삼각형 열네 개를 찾아볼 수 있으며, 그중에서 어떤 조합은 65-72-97 또는 1679-2400-2929와 같이 훨씬 더 복잡하다. 계산 실수나 필사하는 과정에서 생긴 몇몇 사소한 오탈자를 제외하고, 플림턴 점토판에 적힌 삼각형들은 나무랄 데 없이 정확하다. 수의 조합 모두가 직각을 가지고 있다!

바빌로니아 측량사들이 언제부터 직각삼각형에 관한 지식을 현장에서 활용했는지 정확히 알기는 어렵지만, 여하튼 바빌로니아 문명이 사라진 이후에도 오랫동안 직각삼각형이 이용되었다. 중세 시대에 '드루이드의 줄'〔드루이드druid는 골족(갈리아인) 사회에서 신관을 지칭하는 말로, 드루이드의 줄은 중세 시대에 47쪽의 직각삼각형 그림과 같은 줄을 불렀던 용어―옮긴이〕이라고도 불린, 매듭 열세 개가 있는 줄은 성당 건축가들에게 핵심 도구 중 하나였다.

우리가 수학의 역사를 여행할 때 완전히 다른 문화적 맥락을 가진, 수천 킬로미터 떨어진 곳에서 유사한 기초 지식들이 독자적으로 나타났다는 점을 확인하는 일이 종종 있다. 기원전 1000년경, 중국 문명이 당시 바빌로니아·이집트·그리스 문명에서 알아낸 지식과 신기하리만큼 일치하는 수학 전문 지식을 전부 발전시킨 사실을 보면,

우리는 이 기이한 우연에 놀라움을 감출 수가 없다.

　이러한 수학 지식은 수세기에 걸쳐 축적되어, 약 2200년 전 전 세계에서 가장 위대한 최초의 수학책 가운데 한 권인『구장산술九章算術』이 중국 한나라 시대에 편찬되었다.

　『구장산술』의 첫번째 장章은 다양한 형태의 농지 넓이를 측정하는 법을 다룬다. 사각형이나, 삼각형, 사다리꼴, 원형, 부채꼴, 원고리 등은 죄다 기하학 도형이고, 이 같은 모양을 한 농지 넓이를 계산하는 방식이 상세하게 설명되어 있다. 이 책을 조금 더 넘겨보면 마지막 장인 9장에 직각삼각형 연구가 등장하는 것을 볼 수 있다. 9장의 첫번째 문장에서부터 논하는 것이 바로 3-4-5 직각삼각형이다!

　훌륭한 아이디어들은 이런 식이다. 문화적 차이를 넘어서, 인간의 지성이 꽃을 딸 준비가 된 순간, 꽃을 피우는 법이다.

• 그 당시에 출제된 몇 가지 문제 •

　고대 학자들은 농지나 건축, 또는 그보다 더 자주 토지 정비 등을 통해 매우 다양한 기하학적 문제를 제시했다. 다음은 그중 몇 가지 사례다.

　바빌로니아 점토판 'BM 85200'에서 나온 다음의 서술은 바빌로니아인들이 평면 기하학에 만족하지 않고 공간에 대해 고찰했음을 보여준다.

> 동굴 하나. 길이만큼이나 깊이. 1, 흙, 내가 팠다. 땅바닥과 흙을 내가 쌓았다. 1'10. 길이와 정면, '50. 길이, 정면, 무엇일까?*

보시다시피, 바빌로니아 수학자들은 전보 칠 때 쓸 법한 문체를 구사했다. 조금 더 상세히 살펴보면, 해당 서술은 아마도 다음의 내용과 유사했을 것이다.

> 동굴의 깊이는 그 길이의 12배다.** 동굴을 한 단위만큼 더 깊게 판다면 그 부피는 $\frac{7}{6}$에 해당할 것이다. 길이와 너비를 더하면 $\frac{5}{6}$가 된다.*** 이때 동굴의 크기는 얼마인가?

이 문제를 풀려면 상세한 방법론이 필요한데, 문제의 정답은 길이 $\frac{1}{2}$, 너비 $\frac{1}{3}$, 깊이는 6이다.

이번에는 나일 강변과 관련된 계산을 해보자. 물론 이집트

---

*   Jens Høyrup 번역, *L'algèbre au temps de Babylone* (바빌로니아 시대의 대수학), Editions Vuibert / Adapt–SNES, 2010.
**   점토판에 적힌 기술에서는 길이와 깊이가 같은 것처럼 말하고 있으나, 바빌로니아 단위 체계에서 깊이는 길이에 비해 열두 배 더 긴 단위로 측정된다.
*** 육십진법 체계에서 1'10의 의미는 '$1 + \frac{10}{60}$'이고, 이를 우리가 사용하고 있는 십진법으로 변환해서 분수 형태로 쓰면 $\frac{7}{6}$이라는 점에 유의해야 한다. 마찬가지로 '50의 의미는 $\frac{5}{6}$(또는 $\frac{50}{60}$)이다.

에서는 피라미드에 관한 문제도 찾아볼 수 있다. 다음에 인용한 문장은 아메스Ahmes라는 서기가 작성한 파피루스의 유명한 발췌문으로, 기원전 1600년 상반기의 것이다.

> 피라미드 바닥의 각 변은 140큐빗cubit[손가락 끝에서 팔꿈치까지의 길이를 의미한다―옮긴이]이고 그 기울기*는 5뼘 1디짓digit[손가락 한 개 너비―옮긴이]일 때, 이 피라미드의 높이는 얼마인가?

큐빗, 뼘, 디짓은 각각 52.5센티미터, 7.5센티미터, 1.88센티미터를 나타내는 단위다. 앞의 질문에 대한 아메스의 답은 $93\frac{1}{3}$큐빗이다. 또 같은 파피루스에서 아메스 서기는 원의 기하학을 시험해본다.

> 지름이 9캣khet인 동그란 토지의 계산 연습. 이 넓이는 얼마인가?

마찬가지로, 1캣은 약 52.5미터에 해당하는 측정 단위다. 이 문제를 해결하기 위해 아메스는 이 원형 토지의 넓이가 한 변이 8캣인 네모난 토지의 넓이와 같다고 주장한다.

• 피라미드 한 면의 기울기는 이집트어로 '세케드seked'라고 부르며, 밑변 중 한 점과 피라미드의 꼭짓점을 빗변으로 해서 만든 직각삼각형에서 세로변의 길이가 1큐빗일 때 가로변의 길이를 가리킨다.

사각형 토지를 계산하는 것이 원형을 계산하는 것보다 훨씬 더 쉬우므로, 비교는 내빈이 유용한 방법이다. 아메스는 '8×8＝64'라는 사실을 알아낸다. 그렇지만 아메스의 뒤를 이은 수학자들은 그의 계산이 정확하지 않다는 사실을 알아챌 것이다. 원형과 사각형의 넓이는 완벽하게 들어맞지 않으니 말이다. 그 후에 등장하는 많은 이들은 다음의 질문에 대답하려고 시도할 것이다. 원형과 넓이가 같은 정사각형을 어떻게 그릴 것인가? 이 질문에 답을 구하려던 많은 이들이 아무 소득 없이 지쳐버릴 것이다. 그럴 수밖에 없다. 당시 아메스 자신은 몰랐지만, 그는 역사를 통틀어 수학의 가장 큰 골칫거리인 원의 구적법求積法 문제를 해결하려 애쓴 최초의 사람들 중 한 명이었다!

중국에서도 원형인 토지의 넓이를 계산하려고 시도했다. 아래의 문제는 『구장산술』1장에 나와 있다.

> 그 둘레가 30보步, 직경이 10보인 둥그런 토지가 있다고 상정하자.
> 이 토지의 넓이는 얼마인가?*

이때, 1보는 약 1.4미터에 해당한다. 이집트와 마찬가지로 중국 수학자들도 이 도형을 다루면서 실수를 범한다. 우리는 이제 앞의 기술이 틀렸다는 것을 안다. 왜냐하면 지름이

수학에 관한 어마어마한 이야기

10인 원은 원주가 30보다 약간 더 크기 때문이다. 하지만 그렇다고 해서 중국 학자들이 토지 넓이의 근삿값(75보)을 구하는 데 방해가 되지도 않고, 원 넓이에 이어 원고리 넓이를 구하기가 더 복잡해지지도 않는다!

> 원고리의 내부 원주는 92보, 바깥 원주는 122보인 고리 모양의 토지가 있고, 두 원 사이의 거리는 5보라고 상정하자. 이때 토지의 넓이는 얼마일까?

고대 중국에 원고리 형태로 된 토지가 있었을 리가 없다고 생각할 수도 있다. 원 넓이 구하기, 원고리 넓이 구하기 같은 문제들은 기하학 게임에 빠진 중국 학자들이 순전히 이론적으로 대결을 펼치려고 낸 문제일 것으로 짐작된다. 연구만을 위해 점점 더 있음직하지 않고 비정형적인 도형을 찾아서 이해해보려는 것은 오늘날의 수학자들도 몹시 좋아하는 취미 가운데 하나다.

기하학과 관련된 직업 중에 베마티스트bematist를 빼놓을 수 없다.

• Karine Chemla와 Shuchun Guo 번역, *Les neuf chapitres*(구장산술), Editions Dunod, 2005.

측량사나 전문적으로 줄을 당기는 일을 하는 사람이 밭이나 건물을 측정하는 업무를 맡고 있다면, 베마티스트는 규모가 더 큰 일을 하는 사람들이다. 이들은 그리스에서 자신의 걸음 수를 세면서 매우 긴 거리를 측정하는 일을 했다.

그리고 가끔 베마티스트들은 집을 떠나 매우 먼 곳까지 가야 하는 일을 맡을 때도 있었다. 기원전 4세기에는 알렉산드로스 대왕이 동방 원정을 떠나면서 몇몇 베마티스트를 지금의 인도 국경에까지 데려가기도 했다. 이들은 수천 킬로미터나 되는 여정에서 자신의 보폭을 이용해 거리를 측정해야 했다.

베마티스트들이 조금 높은 곳으로 올라가서 일정한 간격으로 걸으며 중동 지역의 광활한 풍경을 지나치는 기이한 광경을 상상해보라. 그들은 메소포타미아 고원을 지나 나일 강 유역의 비옥한 기슭까지 가기 위해 시나이 반도의 건조하고 황량한 풍경을 따라 걸었을 것이고, 되돌아오는 길에는 페르시아 왕국의 산악 지대와 현재 아프가니스탄의 사막을 거쳐왔을 것이다. 일절 동요하지 않고 무미건조한 보폭으로 걷고 또 걸으며, 인도양 해안을 통해 되돌아오기 위해, 지치지도 않고 걸음을 세면서 장대한 힌두쿠시 산맥 기슭을 지나쳤을 이들이 보이는가?

이 기상천외한 시도는 실로 놀라운 광경이자, 심지어 무분별해 보이기까지 한다. 그렇지만 베마티스트들의 성과는 뛰어난 정확도를 보인다. 이들의 측정치와 우리가 오늘날 알고 있는 실제 거리는 평균 5퍼센트 미만밖에 차이가 나지 않는다! 알렉산드로스 대왕을 따라간 베마티스트들 덕분에 이처럼 왕국의 지리를 기술하는 일이 가능했는데, 이제까지 이렇게 광대한 지역을 대상으로 이 같은 작업이 이루어진 적은 없었다.

200년 후에는 그리스 출신 학자 에라토스테네스Eratosthenes가 이집트에서 이보다 더 큰 프로젝트를 고안한다. 바로 지구의 둘레를 측정하는 일이다. 겨우 이 정도 가지고! 물론 불쌍한 베마티스트들에게 지구 한 바퀴를 돌고 오라고 보내지는 않았다. 그렇지만 지금의 아스완인 당시 시에네와 알렉산드리아에서 태양 광선의 경사가 다르다는 기발한 관찰에 착안한 에라토스테네스는 두 도시 사이의 거리가 지구 전체 둘레의 50분의 1에 해당한다는 계산을 했다.

두 도시 사이의 거리를 측정해달라고 요청한 것은 아주 당연한 일이었다. 그리스 베마티스트들과 달리 이집트 베마티스트들은 직접 걸으면서 측정하지 않고, 낙타를 타고 이동하면서 측정했다. 낙타는 보폭이 매우 일정하기로 유명하다. 나일 강을 따라 긴 여정을 보낸 이후에 나온 결론은 다음과 같았다. 시에네와 알렉산드리아 사이의 거리는 5000스타디온[고대 그리스·로마 시대의 거리 단위로, 1스타디온은 약 157.50미터—옮긴이]이며, 따라서 지구의 둘레는 25만 스타디온, 즉 3만 9375킬로미터다. 현재 우리가 지구의 둘레를 정확히 4만 8킬로미터라고 알고 있는 점에서 생각해보면, 이번에도 결과의 정확도가 굉장히 놀랍다. 겨우 2퍼센트밖에 차이가 나지 않는다!

아마도 다른 고대 민족들보다 그리스인들은 그들의 문화에서 기하에 더 크게 비중을 두었던 듯하다. 기하학은 엄밀함과 지성을 길러주는 힘을 갖춘 학문으로 잘 알려져 있다. 플라톤은 철학자가 되고 싶어하는 사람에게 기하학은 필수 과정이라고 생각했고, 그의 아카데미 현판에 '기하학을 모르는 자, 이 문으로 들어오지 말라'라는 교육 이념이 새겨져 있었다는 이야기가 전한다.

기하학은 당시 엄청나게 유행해서 마침내는 경계를 넘어서 다른 학문에도 많은 영향을 끼친다. 이를테면 수의 산술적 속성이 기하학적 언어로 해석된다. 예를 들어 기원전 3세기에 유클리드Eukleides가 저술한 『기하학 원론Stoikheia』의 제7권에서 발췌한 다음의 정의를 보자.

> 두 수를 곱한 값이 다른 수가 될 때 그 값을 '평면'이라 부르고, 이때 각 변은 곱해진 수들이다.

5×3을 계산할 때, 숫자 5와 3은 유클리드에 따르면 곱셈의 '변'이 된다. 왜 그럴까? 쉽게 생각해보면 곱셈은 사각형의 넓이로 나타낼 수 있기 때문이다. 이 경우 가로변이 5, 세로변이 3이니까 직사각형의 넓이는 5×3이 된다. 3과 5는 당연히 이 직사각형의 양 변이다. 곱셈의 결과 15는 '평면'이라고 부르는데, 기하학에서 넓이에 해당하기 때문에 그렇다.

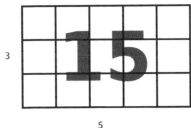

비슷한 구조를 다른 도형에도 적용해볼 수 있다. 예를 들어 어떤 수를 삼각형 형태로 표현할 수 있다면 그 수는 삼각수라고 불린다. 삼각수들을 처음부터 순서대로 적으면 1, 3, 6, 10이다.

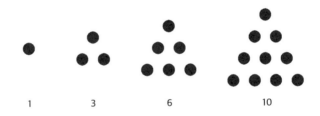

열 개의 점으로 된 네번째 삼각형은 피타고라스와 그 제자들이 우주 조화의 상징이라고 했던 바로 그 테트락티스다. 같은 방식으로 제곱수를 찾아볼 수 있는데, 1, 4, 9, 16 등이 바로 그런 것들이다.

그리고 우리는 물론 이런 식으로 온갖 종류의 도형을 가지고 계속해나갈 수 있을 것이다. 수를 기하학으로 표현하면, 이해하기 어려워 보이는 수의 특성을 시각적으로 분명하게 볼 수 있다.

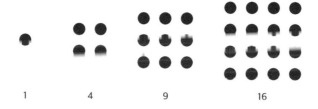

1   4   9   16

예를 하나 들어보자. 여러분은 홀수를 계속해서 더해본 적이 있는가? $1+3+5+7+9+11+\cdots\cdots$ 식으로 말이다. 해본 적이 없다고? 그렇다면 이 계산은 깜짝 놀랄 만한 사실을 보여줄 것이다. 함께 계산해보자.

$$1$$
$$1+3=4$$
$$1+3+5=9$$
$$1+3+5+7=16$$

이 수들의 특이한 점을 발견했는가? 순서대로 1, 4, 9, 16……이 나타난다. 이들은 바로 제곱수다!

여러분이 원하는 만큼 계속해서 계산해간다면 이 법칙은 절대 거짓말을 하지 않을 것이다. 1부터 시작해서 홀수 열 개, 즉 1부터 19까지 더하는 작업을 계속한다면 그 결과가 10의 제곱수인 100이라는 사실을 알아낼 것이다.

수학에 관한 어마어마한 이야기

$$1+3+5+7+9+11+13+15+17+19$$
$$=10\times10=100$$

놀랍지 않은가? 그렇지만 왜 이런 결과가 나오는 걸까? 대체 어떤 기적으로 이런 속성이 항상 참인 걸까? 물론 수로 증명할 수도 있겠지만 더 쉬운 방법이 있다. 기하학적 표상을 이용하면, 제곱수를 다음과 같이 그리기만 해도 이런 속성을 눈으로 확연히 볼 수 있다.

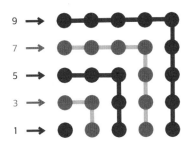

점으로 이어진 홀수만큼을 더해나가면, 정사각형의 한 변이 한 단위씩 길어지는 것과 동일한 결과가 나온다. 간단하고 명쾌한 증명이다.

정리하자면, 수학이라는 왕국에서 기하학은 여왕이다. 기하학이라는 체를 통과하지 않고 인정받을 수 있는 명제는 단 한 개도 없다. 기하학은 고대와 그리스 문명 이후까지도 주도권을 이어간다. 르네상스 시대의 학자들이 수학의 현대화라는 광범위한 운동을 벌이기 시작하기까지는 약 2000년을 더 기다려야 한다. 그리고 르네상스 시대가 되면 완전히 새로운 언어를 위해 기하학을 왕좌의 자리에서 내쫓게 되는데, 그 언어가 바로 대수학代數學이나.

수학에 관한 어마어마한 이야기

4장

—

정리의 시대

5월 초, 파리 북쪽에 있는 라빌레트 공원 위로 정오의 햇살이 빛난다. 내 눈앞에 과학관이 자리하고 있고, 그 바로 앞에는 제오드Géode가 한눈에 보인다. 1980년대 중반에 완공된 이 기이한 형태의 영화관은 직경 36미터의 거대한 미러볼처럼 생겼다.

이곳은 사람들로 무척이나 붐빈다. 파리의 흥미로운 건축물을 보기 위해 카메라를 들고 온 관광객이 많다. 수요일 산책을 즐기는 가족들도 있다. 몇몇 연인들은 잔디에 앉아 있거나, 손을 맞잡고 걷는다. 자기 동네 한복판에 있는 이 번쩍거리는 구球 모양 건축물에 눈길을 겨우 한 번 줄까 말까 하며 무심하게 지나가는 동네 주민들을 헤치고 이리저리 조깅하는 사람도 있다. 둘러선 아이들은 그곳에 비친 주위 세상의 변형된 이미지를 바라보며 즐거워한다.

내가 오늘 여기에 온 것은 제오드가 가진 기하학적 특성에 관심이 많기 때문이다. 나는 제오드에 가까이 다가가서 좀 더 면밀히 관찰한다. 제오드의 표면은 수선 개나 되는 삼각형 거울의 조합으로 구성되어 있다. 언뜻 보기에 이 조합은 완벽하게 균형을 이루고 있는 것처럼 보인다. 하지만 자세히 살펴보면 몇 분 후 불규칙성이 눈에 띄기 시작한다. 정확히 말하면, 몇 군데를 중심으로 삼각형이 일그러지고 기형적으로 늘어난 것처럼 보인다. 전체적으로 볼 때 삼각형 여섯 개가 모인 육각형 조합이 계속 이어져 있는 듯하지만, 실제로는 삼각형이 다섯 개밖에 없는 지점이 약 열두 군데 있다.

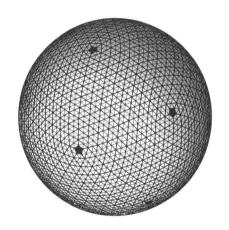

수천 개의 삼각형으로 구성된 제오드의 모형.
삼각형 다섯 개가 모여 있는 지점을 진한 회색으로 표시했다.

처음 볼 때는 이 불규칙한 지점을 거의 알아보기 힘들다. 게다가 산책하는 사람들 대다수는 별 관심조차 없다. 하지만 수학자인 내

수학에 관한 어마어마한 이야기

게는 이러한 불규칙성이 전혀 놀랍지 않다. 오히려 이 발견을 이미 예상했다고 해야 할 것이다. 이것은 건축가의 실수가 아니다. 세상에는 이와 비슷한 기하학적 형태를 띤 건축물이 많이 있고, 이들 모두는 기본 도형이 여섯 개가 아닌 다섯 개로 이루어진 지점이 약 열두 군데 있다. 이 불규칙한 지점은 지금으로부터 2000년도 더 전에 그리스 수학자들이 발견한 피할 수 없는 기하학적 제약의 산물이다.

테아이테토스Theaetetus는 기원전 4세기경의 아테네 수학자다. 일반적으로, 정다면체를 완벽하게 서술할 수 있게 된 것은 그의 공이라고 이야기한다. 기하학적으로 다면체란 여러 평면 다각형으로 둘러싸인 입체 도형을 의미한다. 예를 들어서 정육면체와 피라미드가 다면체 계열의 도형이며, 구와 원기둥은 곡면이 있기 때문에 다면체에 해당하지 않는다. 삼각형으로 표면이 뒤덮인 제오드는 삼각형의 수가 워낙 많기에 멀리서 보면 구 형태로 보이지만 실은 거대한 다면체에 속한다.

테아이테토스는 모든 면이 합동인 정다각형으로 구성되어 있으면서 완벽하게 대칭을 이루는 다면체에 특히 관심이 많았다. 그리고 그는 정다면체가 오직 다섯 종류만 존재하며 그 밖의 다른 정다면체는 존재하지 않는다는 사실을 발견했는데, 이는 굉장히 당황스러운 일이다. 이 다섯 개가 전부라니, 더는 없다니!

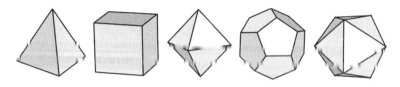

왼쪽부터, 정사면체, 정육면체, 정팔면체, 정십이면체, 정이십면체

지금도 여전히 정다면체를 지칭할 때 그 면의 개수대로 부르는 것이 관례다. 이런 식으로 지칭하면 여섯 개 면을 가진 다면체를 기하학에서는 정육면체라고 부른다. 정사면체, 정팔면체, 정십이면체, 정이십면체에는 각각 네 개, 여덟 개, 열두 개, 스무 개의 면이 있다는 뜻이다. 시간이 지나면 우리는 이 다섯 가지 정다면체를 '플라톤의 입체'라고 부를 것이다.

플라톤의 입체라고? 왜 테아이테토스가 아닌 걸까? 역사란 때때로 불공평하며, 최초의 발견자가 후대에게 그 공로를 매번 인정받는 것은 아니다. 플라톤은 이 다섯 가지 정다면체를 발견하는 데 아무런 공도 세우지 않았지만, 이 도형들을 우주의 요소와 연결시키는 이론으로 유명해졌다. 불은 정사면체와, 땅은 정육면체와, 공기는 정팔면체와, 물은 정이십면체와 연관이 있다고 주장한 것이다. 그리고 오각형으로 이루어진 정십이면체는 우주의 형태와 관련이 있다고 주장했다. 물론 이 이론은 과학계에서 아주 오래전에 퇴출되었지만, 이 다섯 가지 정다면체를 늘 플라톤과 연관시키는 관례가 아직까지 남아 있다.

더 솔직하게 말한다면, 이 다섯 가지 정다면체를 최초로 발견한

수학에 관한 어마어마한 이야기

사람이 사실 테아이테토스도 아니다. 테아이테토스가 살았던 시대보다 훨씬 이전에 만들어진 조각 모형도 있고, 정다면체를 기술한 기록도 찾아볼 수 있다. 예를 들면 플라톤의 입체 형태로 조각한 작은 공 모양의 돌조각 세트가 스코틀랜드에 있다는 사실이 밝혀졌는데, 이는 테아이테토스보다 천 년이나 더 앞선 것이다! 현재 옥스퍼드의 애슈몰린 박물관에 이 조각품이 소장되어 있다.

그렇다면 테아이테토스가 플라톤보다 더 유능하지 않단 말인가? 테아이테토스조차 사기꾼인 걸까? 그렇지 않다. 왜냐하면 다섯 가지 정다면체가 그 이전에 알려졌다 할지라도, 이 다섯 가지가 정다면체의 전부이며 그 외에 다른 정다면체가 없다는 사실을 명확하게 증명한 사람은 테아이테토스가 최초였으니 말이다. 또 다른 정다면체를 찾으려 아무리 애써봤자 누구도 찾지 못할 것이라고 테아이테토스는 우리에게 말해준다. 이 외에 다른 정다면체가 없다는 이 명제를 들으면 어딘지 모르게 안심이 된다. 이 명제는 우리를 끔찍한 의심에서 빠져나오게 해준다. 휴, 이게 전부다!

이 과정은 그리스 수학자들이 수학에 접근한 방식이라는 측면에서 의미가 있다. 이들에게 수학이란 맞는 답을 찾는 문제가 아니었다. 그들은 문제를 철저히 남김 없이 파헤치고자 했다. 어떤 것도 그들의 손에서 빠져나가지 못하리라는 점을 확실히 하려고 했다. 이를 위해 그리스 수학자들은 수학적 탐험이라는 기술을 정점으로 끌어올린다.

이제 앞에서 살펴봤던 제오드로 되돌아오자. 테아이테토스의 증명은 번복할 수 없다. 모든 면이 긴밀 연버치게 하동이면서 수백 개의 면으로 이루어진 다면체는 존재할 수 없다. 그렇다면 우리가 건축가이고, 할 수 있는 한 최대로 구형에 가깝게 보이는 건축물을 짓고 싶다면 어떻게 해야 할까? 하나의 도형만으로 이러한 건축물을 구상하기란 기술적으로 어렵다. 그러므로 작은 면 여러 개를 조합해야 한다. 그렇지만 이런 건축물을 어떻게 만들까?

여러 가지 방법을 상상해볼 수 있다. 그중 하나는 플라톤의 입체 중 하나를 고른 다음, 그 도형을 변형시키는 것이다. 정이십면체를 예로 들어보자. 삼각형 스무 개로 이루어진 이 도형은 다섯 가지 정다면체 중에 가장 둥근 모양을 하고 있다. 정십이면체가 더 잘 변형될 수 있도록 각각의 정삼각형 면을 더 작은 도형 여러 개로 나눌 수 있다. 따라서 최종적으로 만들어지는 변형된 다면체를 좀 더 구형에 가깝게 만들기 위해, 마치 안에서부터 바람을 불어넣어 부풀어 오른 것처럼 만들 수도 있다.

정이십면체의 각 면을 더 작은 네 개의 삼각형으로 나누면 다음 쪽과 같이 된다.

이러한 형태의 다면체를 기하학에서 제오드라고 부른다. 어원 측면에서 지구와 같은 형태, 즉 구형과 비슷한 모양을 한 도형을 이렇게 부른다. 원칙적으로 생각하면 전혀 어려울 것이 없다. 바로 이 같은 구조물이 라빌레트 공원의 제오드에 사용되었다. 그런데 각 면을

정이십면체

———

각 면을 네 개의 삼각형으로 나눈 정이십면체

———

각 면을 나눈 후 부풀린 정이십면체

———

분할할 때 좀 더 섬세하게 해서, 정이십면체가 가진 기본 정삼각형 면들을 너 삭은 400개의 깁대형으고 기는 것이다. 그러면 저체점으로 총 8000개나 되는 삼각형 면으로 구성된다.

사실 제오드는 8000개보다 적은 6433개의 면을 가지고 있다. 왜냐하면 제오드는 완전한 구형이 아니기 때문이다. 지표면에 닿아 있는 토대가 잘려서 일부 삼각형 면의 개수가 부족하다. 어쨌든 이 건축물이 불규칙한 지점 열두 개의 존재를 설명해준다는 사실은 변함이 없다. 열두 개의 불규칙한 지점은 바로 기본 정이십면체의 꼭짓점에 해당한다. 다른 말로 하면, 정이십면체의 꼭짓점들은 최초의 정삼각형 다섯 개가 모여 있었던 바로 그 점들이다. 최초의 정이십면체에서 뾰족했던 이 꼭짓점들이 여러 면으로 나뉘며 평평해져서 거의 눈에 보이지 않게 된 것이다. 하지만 삼각형들의 배열에서 이 최초의 꼭짓점 열두 군데는 그 흔적이 남아 있으며, 이 열두 군데의 불규칙한 지점은 제오드 곁을 지나가면서 유심히 관찰하는 사람들에게 이러한 사실을 다시 한번 상기시킨다.

아마 테아이테토스는 훗날 자신의 연구가 제오드 같은 건축물을 만드는 것을 가능하게 하리라고는 상상하지 못했을 것이다. 그리고 바로 이 점이 고대 그리스 학자들이 발전시킨 수학의 위대함이다. 수학은 새로운 생각들을 만들어내는 훌륭한 저력을 가지고 있다. 그리스인들은 점차 구체적인 문제에서 벗어나기 시작한다. 그리고 단순한 지적 호기심에서 독창적이고 영감을 주는 모델들을 만든다. 이 모델들이 처음 고안될 때는 어떠한 실질적 쓰임도 없을 것 같아 보였을지라도, 모델의 창시자들이 사라지고 긴 시간이 흐른 뒤에 깜짝 놀랄 만한 쓰임새가 있다는 사실이 때때로 밝혀질 것이다.

오늘날 우리는 다양한 환경에서 플라톤의 다섯 가지 입체를 찾아볼 수 있다. 예를 들어 보드게임을 할 때 사용하는 주사위도 그중 하나다. 다섯 가지 입체의 규칙성은 주사위가 균형 잡힌 도형이라는 사실, 즉 모든 면이 나올 확률이 똑같다는 점을 보장한다. 정육면체 주사위는 모든 사람이 알지만, 보드게임을 자주 즐기는 플레이어들은 더 큰 즐거움을 느끼고 더 많은 경우의 수를 만들어내기 위해 보드게임을 할 때 나머지 네 종류의 정다면체도 흔히 사용한다는 사실을 알고 있다.

제오드를 떠나 거기서 조금 떨어진 라빌레트 공원을 지나갈 때, 나는 잔디밭에서 축구공을 꺼내 간이 축구 게임을 시작한 아이들과 마주쳤다. 하지만 이 아이들은 자신이 지금 이 순간, 테아이테토스 덕분에 축구를 한다는 사실은 생각지도 못한다. 아이들이 축구공에 동일한 기하학 문양이 있다는 사실을 알아차렸을까? 대부분의 축구공은 육각형 스무 개와 오각형 열두 개를 이용해 같은 방식으로 만들어진다. 전통적인 축구공을 보면 육각형 부분은 흰색이고, 오각형 부분은 검은색이다. 축구공 표면에 다채로운 그림이 여럿 그려져 있다 해도 경계면을 자세히 들여다보면 육각형 스무 개과 오각형 열두 개를 금세 알아볼 수 있다.

까요 깎이십면체! 축구공유 기하학에서는 이렇게 부른다. 축구공의 형태는 제오드가 지닌 동일한 제약에서 비롯된다. 가능한 한 가장 둥글고 균형 잡힌 모양이어야 한다. 이러한 결과에 노달하기 위해 축구공 모형을 만든 창시자들은 다른 방법을 사용했다. 모서리를 둥글게 만들려고 다면체의 면을 나누는 대신, 간단하게 모서리를 자르는 방식을 선택했다. 여러분도 정이십면체 모양을 한 반죽이 있다고 상상하고, 칼을 가지고 단순하고 정확하게 꼭짓점들을 잘라내보자. 원래 삼각형이었던 스무 개 면은 꼭짓점이 잘려 나가면서 육각형이 되고, 원래 꼭짓점이었지만 잘려나간 부분 열두 군데는 오각형이 된다.

따라서 축구공에 있는 오각형 열두 개는 제오드에 있는 열두 군데의 불규칙한 지점과 그 출처가 같다. 말하자면 정이십면체에서 처음에 꼭짓점 열두 개가 있던 자리다.

내가 라빌레트 공원을 떠나려 했을 때 마주친, 손에 휴지를 든 이 여자아이는 어떨까? 아이는 몸 상태가 별로 좋아 보이지 않는다. 혹시 아주 작은 정이십면체 증식의 피해자인 건 아닐까? 사실 바이러스 같은 몇몇 미생물들은 원래 정이십면체나 정십이면체 형태를 하고 있다. 가령 대다수 감기의 주범인 라이노바이러스rhinovirus가 그런 예다.

　미생물들이 이러한 기하학적 형태를 취하는 것은 우리가 건축물이나 축구공을 만들 때 기하학적 모델을 사용하는 것과 같은 이유에서다. 다시 말해 경제성과 대칭성을 추구하는 것이다. 정이십면체덕에 축구공은 딱 두 가지 도형만으로 만들어진다. 마찬가지로, 바이러스의 막은 몇 개의 다른 분자만 가지고(라이노바이러스의 경우 네 개) 구조적 배열을 반복해서 이어나가는 방식으로 만들어진다. 이러한 막을 만드는 데 필요한 유전자 코드는 대칭이 선사 없나빈 그 구조를 만들 수 없을 만큼 매우 간결하고 경제적이다.

다시 한번 말하지만, 테아이테토스는 그가 발견한 정다면체 안에 얼마나 많은 것들이 숨어 있는지 알았더라면 아마도 깜짝 놀랐을 것이다.

이제는 진짜 라빌레트 공원을 떠나, 우리의 역사 연대기 수업으로 되돌아오자. 테아이테토스 같은 고대 수학자들은 어떻게 해서 점점 더 보편적이고 이론적인 질문들을 제기했을까? 이 부분을 이해하려면 지중해 동쪽 연안으로 몇 천 년 정도 거슬러 올라가야 한다.

바빌로니아 문명과 이집트 문명이 서서히 막을 내리는 동안, 고대 그리스는 찬란한 번영의 시기를 맞이한다. 기원전 6세기부터 고대 그리스는 문화와 과학 분야에서 유례없는 융성의 시대에 들어선다. 철학, 시, 조각, 건축, 연극, 의학, 역사 등 모든 학문이 진정한 변혁을 거친다. 고대 그리스의 이례적 활기가 지닌 매력과 신비로움은 오늘날에도 여전하다. 그 거대한 지적인 운동 속에서 수학은 단연 최고의 자리를 잡아간다.

고대 그리스 하면 사람들은 제일 먼저 아크로폴리스가 우뚝 솟은 아테네를 떠올린다. 흰색 토가를 입고 펜텔리 산의 대리석으로 지은 신전들과 올리브나무 사이를 거니는, 이제 막 역사상 처음으로 민주주의를 발명한 시민들을 떠올린다. 하지만 고대 그리스 시대의 다양성을 생각해보면, 이러한 이미지가 이 시대 전체를 대표하기에는 거리가 있다.

기원전 8세기와 7세기에 그리스인들은 지중해 연안까지 이주해 수많은 식민지를 세웠다. 현지인의 풍습과 생활 양식을 부분적으로 수용함으로써 식민지 문화는 때때로 그리스 문화와 혼합되었다. 그리스인이라고 다 같은 그리스인이 아니었다. 그들의 식문화, 여가, 신념 및 정치 체제는 지역별로 굉장히 다른 양상을 보였다.

따라서 고대 그리스 수학자들이라고 해서 모든 학자가 서로 알고 지내며 매일 만나는 한정된 지역에서 등장한 것이 아니라, 지리적·문화적으로 굉장히 넓은 지역에 걸쳐 출현했다. 이전 문명과의 만남은 그 유산을 물려받고 그리스 고유의 다양성과 혼합해나가면서 수학 분야에서 혁신을 이룬 동력 중 하나다. 수학자라면 마치 필수 과정이라도 되는 듯, 인생에서 한 번은 이집트나 중동 지역으로 순례를 가는 학자들도 매우 많았을 것이다. 바빌로니아와 이집트 지역 수학의 상당 부분은 그런 식으로 그리스 학자들이 통합하거나 이어나갔다.

현재 터키의 남서쪽에 위치한 고대 도시 밀레토스에서는 기원전 7세기 말에 최초의 위대한 그리스 수학자인 탈레스Thales가 태어났다. 탈레스에 대한 자료는 많이 남아 있는데도 오늘날 그의 인생과

업적에 관해 신빙성 있는 정보를 추출하기란 쉽지 않다. 당시의 많은 학자들이 그랬던 것처럼, 그가 죽은 이후에 그를 지나치게 신봉한 몇몇 제자들에 의해 다양한 선설이 넛내어시는 바님에 무싯이 진실이고 무엇이 거짓인지 판가름하기가 어렵기 때문이나. 지나치게 직업 윤리를 신봉하는 것은 당시 과학자들이 추구하는 스타일이 아니었으며, 진실이 그들의 구미에 당기지 않을 때면 그 진실을 적당히 조정하는 일도 드물지 않았다.

탈레스와 관련해서 떠도는 수많은 이야기 중에서 한 가지 예를 들면, 탈레스는 특히나 산만했다고 한다. 경솔한 학자라는 오랜 전통의 첫번째 표본은 아마도 탈레스일 것이다. 한 가지 일화를 들자면, 어느 날 밤에 그는 별을 관찰하면서 별 신경 쓰지 않고 산책을 하다가 우물에 빠진 적도 있다고 한다. 다른 일화로는, 80세 무렵 운동 경기에 참가했다가 죽었다는 이야기가 있는데, 경기에 너무 몰입한 나머지 먹고 마시는 것을 잊어버려서 그랬다고 한다.

그가 이룬 과학적 업적과 관련해서도 특이한 이야기가 많다. 탈레스는 아마도 최초로 일식을 정확하게 예언한 사람일 것이다. 이 일식은 현재 터키의 서쪽에 있는 할리스Halys 강가에서, 메디아와 리디아 두 왕국 사이에서 전투가 한창일 때 일어났다. 한낮에 갑작스레 밤이 찾아오자 군사들은 이를 신의 메시지로 받아들여, 즉각 평화 협상을 체결하기로 결정했다. 지금은 천문학자들이 일식을 예측하거나, 과거에 일식이 언제 일어났는지 알아내기란 식은 죽 먹기다. 천문학자들 덕분에 우리는 그 당시의 일식이 기원전 584년 5월 28일에 일어났다는 사실을 알 수 있으며, 할리스 강 전투는 우리가 정확한 날짜를 확실히 알 수 있는 가장 오래된 역사적 사건이 되었다.

탈레스의 업적 가운데 가장 큰 성공으로 평가되는 것은 이집트를 여행하는 도중에 일어났다. 아마시스 파라오가 탈레스에게 직접 가장 큰 피라미드의 높이를 측정하라는 문제를 냈다고 한다. 그때까지 그 문제를 의뢰받은 이집트 학자들은 하나같이 실패했다. 탈레스는 단순히 문제를 해결하는 데 그치지 않고, 매우 기발한 방식을 능숙하게 이용했다. 탈레스는 지표면에 막대기를 수직으로 꽂고서 막대기의 그림자 길이가 막대기 길이와 똑같아지는 순간을 기다렸다. 바로 그 순간에 탈레스는 피라미드 그림자의 길이를 재게 했는데, 이때 피라미드 그림자의 길이는 그것의 높이와 똑같을 터였다. 이렇게 간단하게 해결되었다!

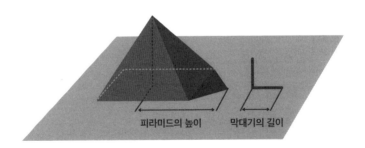

피라미드의 높이   막대기의 길이

이 이야기는 물론 재미있지만, 다시 한번 말하건대 역사적으로 실제로 일어난 것인지는 확실하지 않다. 전하는 이야기대로라면 아메스 서기의 파피루스를 비롯해 이집트 파피루스들에도 이집트 학자들이 탈레스가 출현하기 이미 천 년도 더 전에 피라미드의 높이를 완벽하게 계산할 줄 알았다는 사실이 드러나는 점을 감안하면, 탈레스의 일화는 이집트 학자들을 다소 성가시는 내용인 것 같다. 그렇다면 진실은 무엇일까? 탈레스가 정말로 피라미드의 높이를 측정했을까? 그가 최초로 그림자 기법을 사용했을까? 아니면 그저 밀레토스에 있는 자기 집 앞의 올리브나무 한 그루의 높이를 측정하는 데 그쳤던 걸까? 탈레스의 제자들이 그가 죽은 이후 그의 생애를 한껏 치장하는 작업을 했을 수도 있다. 이와 관련해 우리는 결코 아무것도 알아내지 못하리라는 것을 인정해야 한다.

사실이 어떻든지 간에 탈레스 기하학 자체는 실제이며, 탈레스가 그림자 기법을 적용한 대상이 피라미드였든 올리브나무였든 그 기법이 뛰어났다는 점에는 변함이 없다. 이 그림자 기법은 우리가 오늘날 탈레스의 이름을 붙여서 부르는 '탈레스의 정리'라는 법칙 중에 특정 사례에 해당된다. 다음의 여러 수학적 성과 역시 탈레스의 공로다. 지름은 원을 이등분한다(그림 1). 이등변삼각형의 두 밑각의 크기는 같다(그림 2). 두 직선이 한 점에서 만날 때, 서로 마주보는 두 각(맞꼭지각)의 크기는 같다(그림 3). 원의 지름을 한 변으로 해서 원에 내접하는 삼각형은 직각삼각형이다(그림 4). 간혹 마지막 네번째 증명을 단독으로 '탈레스의 정리'라고 부르기도 한다.

자, 그러면 이제 우리를 두렵게 만드는 만큼이나 우리를 사로잡는

수학에 관한 어마어마한 이야기

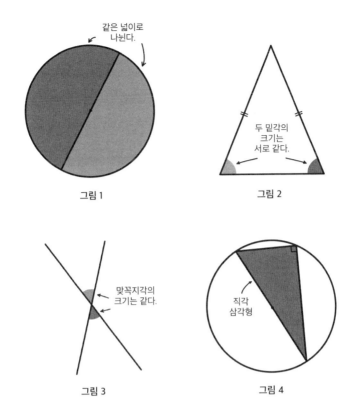

그림 1

그림 2

그림 3

그림 4

이 기이한 단어로 돌아오자. 정리theorem란 무엇인가? 어원으로 볼 때 '정리'라는 단어는 '관조'라는 뜻을 가진 'théa'와, '바라보다'라는 뜻을 지닌 'horáô'라는 그리스어가 합해진 말이다. 따라서 정리란 수학적 세상을 관찰하는 일과 비슷하며, 수학자들이 확인하고 검토한 후 기록한 사실을 뜻한다. 정리는 기록뿐만 아니라 구전으로도 전승될 수 있는데, 이런 경우는 할머니의 전통 요리법이라든지, 대대로 전해내려와 우리가 사실이라고 믿는 날씨와 관련된 속담과 유사하다. '제비 한 마리가 봄을 가져다주지는 않는다' '월계수 잎이 관절염을 가라앉힌다' '3-4-5 삼각형은 직각이다'와 같은 말들은 우리가 심심하고 믿고 거리한 순간에 사용하기 위해 기억해두는 문장들이다.

이와 같은 정의에 따르면 메소포타미아인, 이집트인, 중국인 들은 모두 정리를 기술했다. 하지만 탈레스 때부터 그리스인들이 새로운 차원을 열었다. 그리스인들이 생각하는 정리란, 수학적 진리를 기술하는 데 그치지 않고 최대한 보편적인 방식으로 공식처럼 기술되어야 하고 이를 입증하는 증명이 동반되어야 하는 것이다.

탈레스의 공로로 인정되는 법칙 중 하나인 '지름은 원을 이등분한다'라는 정리로 돌아오자. 이런 명제를 탈레스 같은 위대한 학자가 기술했다고 하면 꽤나 실망스러워 보일 수 있다. 이 명제는 명백해 보인다. 이처럼 자명한 명제가 기술되는 일이 어떻게 기원전 6세기나 되어서야 가능했을까? 이집트와 바빌로니아 학자들도 아주 오래전부터 이 점을 알았으리라는 데는 이견이 없다.

하지만 이 부분에 대해 오해하면 안 된다. 탈레스 법칙의 위대함은 이 명제가 말하는 내용에 있는 것이 아니라 그 형식에 있다. 탈레스는 '원'을 말할 때 감히 어떤 원이라고 명시하지 않았다. 같은 법칙을 기술하기 위해 바빌로니아인, 이집트인, 중국인 들은 예시를 들었을 것이다. 아마 다음과 같이 말했을 것이다. "반지름이 3인 원을 그린 후 그 원의 지름 중 하나를 그려보면, 지름에 의해 나뉜 원의 두 부분이 똑같다." 법칙을 이해하는 데 예시 하나로 충분하지

수학에 관한 어마어마한 이야기

않으면, 두번째 예시를 들고, 필요한 경우에는 세번째, 네번째 예시를 들었을 것이다. 독자가 생각할 수 있는 모든 원에서 같은 결과가 반복해서 나타난다는 사실을 이해하기 위해 필요한 만큼 계속해서 예시를 들었을 것이다. 하지만 결코 보편적 명제로 공식화하지는 않았다.

탈레스는 바로 이 지점을 넘어선다. 어떤 원이든 여러분이 원하는 원을 하나 그려보라. 그게 어떤 원인지는 상관없다. 엄청나게 큰 원도 좋고, 아주 작은 원도 좋다. 가로로 그리든 세로로 그리든 비스듬하게 그리든, 다 마찬가지다. 여러분이 그리는 원이 어떤 모양이든, 어떤 방식으로 원을 그리든 간에 나는 개의치 않는다. 그러나 자신 있게 말하건대 여러분이 그린 원의 지름은 반드시 원을 이등분한다!

탈레스는 이 같은 작업을 통해 마침내 기하학 도형을 추상적인 수학의 대상으로 만들었다. 이러한 사고 과정은 2000년 전 메소포타미아인들이 수를 그 대상이 되는 사물로부터 독립해서 생각한 것과 마찬가지다. 이제 원은 땅, 돌판, 파피루스 위에 그려진 도형이 아니게 되었다. 원은 가상의 것, 하나의 사고, 추상적 관념이 되었고, 원의 실제 표상은 모두 불완전한 변형에 불과한 것이 되었다.

이때부터 수학적 진리는, 그 진리가 담고 있는 다양한 특정 사례와 관계없이 간결하고 보편적으로 기술된다. 그리스인들은 이러한 기술記述에 '정리'라는 이름을 붙였다.

탈레스는 밀레토스에서 여러 제자를 데리고 있었다. 그중 가장 유명한 두 제자가 아낙시메네스Anaximenes와 아낙시만드로스Anaximandros였나. 또 아낙시민二모二도 제자들이 있었는데 그중 피타고라스Pythagoras가 역사상 가장 유명한 정리에 자신의 이름을 새겼다.

피타고라스는 기원전 6세기 초, 밀레토스에서 불과 몇 킬로미터 밖에 떨어지지 않은 사모스 섬(현재 터키 원해에 위치)에서 태어났다. 어린 시절 여러 지방을 널리 돌아다니면서 학식을 쌓은 피타고라스는 현재 이탈리아 남동쪽에 위치한 고대 도시 크로토네Crotone에서 거주했다. 그는 바로 그곳에서 기원전 532년에 자신의 학파를 세웠다.

피타고라스와 그의 제자들은 수학자, 과학자였을 뿐 아니라 철학자, 종교인, 정치인이기도 했다. 하지만 이들이 현대에 활동했다고 생각해보면, 피타고라스학파는 아마도 비밀에 둘러싸인 위험한 집단이라고 평가될지도 모른다. 피타고라스학파의 일원이 되려면 명확한 규칙 일체를 따라야 했다. 누구나 5년간 묵언 수행을 거쳐야만 하는 식이었다. 또 어떠한 개인 소유물도 가질 수 없었고, 모든 재화는 공용이었다. 구성원들은 서로를 식별하기 위해 테트락티스나 오각형 별 모양인 펜타그램 같은 서로 다른 기호를 사용했다. 게다가 피타고라스학파는 자신들이 식견을 갖춘 사람들이라고 여겼고, 권력은 당연히 자신들 손에 있어야 한다고 생각했다. 그래서 이들은 자신들의 권위에 대항하는 고대 도시의 반란에 단호하게 대응했다. 그런 연유로 일어난 폭동 때문에 피타고라스는 85세에 사망했다.

피타고라스를 둘러싼 각종 전설과 일화의 종류는 놀라운 수준이

수학에 관한 어마어마한 이야기

다. 조금만 생각해보면 피타고라스 제자들의 상상력이 절대 부족하지 않았음을 알 수 있다. 제자들의 이야기에 따르면, 피타고라스는 아폴론의 아들이다. 피타고라스라는 이름은 문자 그대로 '피티아Pythia에 의해 불린 이'라는 뜻이다. 델포이의 피티아는 아폴론 신전에서 신탁을 행하던 여사제인데, 피타고라스의 부모에게 자식이 태어날 것이라는 사실을 직접 알렸다고 한다. 이러한 탄생 설화를 가진 피타고라스는 위대한 일을 할 운명을 타고났다. 피타고라스는 전생을 모두 기억했다. 예를 들면 그는 에우포르보스라는 이름을 가진 트로이 전쟁의 영웅 중 한 명이었다. 어린 시절 피타고라스는 올림피아 제전에 참가해 판크라티온(고대 격투 경기)의 전 종목을 휩쓸었다. 또 피타고라스는 모든 음계를 최초로 창시한 인물이었다. 피타고라스는 공중에 떠서 걸을 수 있었다. 피타고라스는 죽은 후에 다시 부활했다. 피타고라스는 예언 능력과 병을 고치는 능력을 가지고 있었다. 피타고라스는 동물을 부렸다. 피타고라스의 넓적다리는 황금으로 되어 있었다.

이러한 설화의 대부분이 별로 믿음직스럽지 않은 우스꽝스러운 것들이라 할지라도, 몇몇 이야기들은 꼭 그렇다고만 하기는 어렵다. 가령 피타고라스가 처음으로 '수학'이라는 단어를 사용했다는 것이 사실일까? 이러한 주장들은 너무 불확실해서 일부 사학자들은 심지어 피타고라스라는 인물은 그 학파에서 수호신 격인 인물이 필요해 만들어낸 순전히 가상의 인물이라는 가설까지 내놓기에 이르렀다.

피타고라스라는 인물에 대해서는 우리가 더 알아낼 길이 없으니, 이제 그가 죽은 지 2500년도 더 지난 지금까지 전 세계 모든 초등학생이 다 알 만한 '피타고라스의 정리'로 되돌아오자. 이 유명한 정리는 우리에게 무엇을 말해주는가? 피타고라스의 정리가 기술한 내용은 놀랄 만하다. 왜냐하면 전혀 관계가 없어 보이는 두 가지 수학적 개념, 곧 직각삼각형과 제곱수 사이의 관계를 찾아냈기 때문이다.

지금까지 계속 언급했던 3-4-5 직각삼각형을 다시 살펴보자. 이 삼각형의 세 변의 길이를 가지고 제곱수 9, 16, 25를 만들 수 있다.

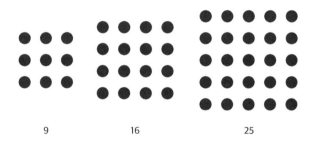

| | | |
| 9 | 16 | 25 |

우리는 여기서 '9 + 16 = 25'라는 재미있는 우연을 발견할 수 있다. 3-4-5 직각삼각형에서 3과 4, 두 변의 제곱을 더하면 나머지 한 변인 5의 제곱과 같다. 단순한 우연이라고 생각할 수도 있지만, 또 다른 직각삼각형을 가지고 똑같이 계산해보면 이번에도 마찬가지 결과를 얻는다. 바빌로니아 플림턴 점토판에 있던 65-72-97 직각삼각형으로 해보자. 세 수의 제곱은 각각 4225, 5184, 9409이다. 이번에

수학에 관한 어마어마한 이야기

도 역시 '4225＋5184＝9409'가 된다. 이렇게 큰 수를 가지고 해도 똑같은 결과가 나오니, 이번에도 단순한 우연이라고 보기는 어렵다.

여러분이 어떤 직각삼각형을 가지고 해봐도, 삼각형이 크든 작든, 얇든 넓든, 항상 마찬가지다. 직각삼각형에서 직각을 이루는 두 변의 제곱의 합은 나머지 한 변(빗변)의 제곱과 항상 같다. 이것의 반대 명제도 성립한다. 한 삼각형에서 작은 두 변의 제곱의 합이 가장 긴 변의 제곱과 같다면, 이 삼각형은 직각삼각형이다. 이것이 바로 피타고라스의 정리다!

물론 우리는 피타고라스나 그의 제자들이 정말로 이 정리를 만들었는지는 알 수 없다. 우리가 살펴본 이 정리를 바빌로니아인들이 보편적인 형태로 공식화하지는 않았지만, 그들이 이미 천 년도 더 전에 피타고라스의 정리가 뜻하는 바를 알았을 가능성이 매우 높다. 이런 지식 없이 어떻게 바빌로니아인들이 플림턴 점토판에다 그 모든 직각삼각형에 대해 그토록 정확하게 적을 수 있었겠는가? 이집트인과 중국인도 아마 피타고라스의 정리를 알았을 것이다. 더구나 『구장산술』이 집필된 지 몇 세기 후에 피타고라스의 정리가 그 책에 추가로 명확히 기록되었다.

일부 일화들은 피타고라스가 이 정리를 최초로 증명했다고 이야기한다. 하지만 이를 뒷받침해줄 수 있는 신빙성 있는 자료는 없으며, 우리가 가진 가장 오래된 증명은 이로부터 3세기가 지난 후 유클리드의 『기하학 원론』에 이르러서야 찾아볼 수 있다.

5장

방법론에 대하여

증명은 그리스 수학자들이 추구하는 주요한 작업 가운데 하나로 자리 잡는다. 증명, 다시 말해 해당 명제가 결정적으로 참이라는 것을 밝히는, 명확하고 논리적인 추리가 동반되지 않으면 정리는 입증될 수 없다. 증명이라는 안전한 테두리 없이 수학에서 답을 구하는 행위란 그저 예상치 못한 난관을 미뤄두는 것일 수 있다. 그렇지만 어떤 방법론이 잘 알려져 있고 자주 사용된다고 해서 항상 유효한 것은 아니다.

자, 린드Rhind 파피루스(이집트 아메스 서기가 작성한 파피루스. 3장 참고—옮긴이)에서 토지 넓이가 같은 정사각형과 원을 그리려고 했던 시도를 다시 떠올려보자. 아참, 그 답은 틀렸다. 물론 크게 틀리지는 않았지만, 어쨌든 틀렸다. 그 넓이를 정밀하게 측정하면 0.5퍼센트 차이가 난다! 실제 측량사들은 대부분의 경우에 이 정도의 정확도만으로도 충분할지 모르지만, 이론 수학자에게는 받아들일 수 없는 일이다.

피타고라스조차 잘못된 가정이라는 함정에 빠졌다. 그중에서도 가장 유명한 실수는 같은 단위로 잴 수 있는 길이와 관련된 것이다. 피타고라스는 기하학에서 서로 다른 두 길이가 항상 통약 가능〔어떤 두 가지 길이를 적당히 잘게 나눠서 두 길이 모두 어떤 단위의 정수배가 되는 경우, '통약 가능'하다고 한다―옮긴이〕하다고 생각했다. 다시 말해서 두 길이를 동시에 측정할 수 있는 충분히 작은 단위를 찾을 수 있다고 생각했다. 9센티미터 선분 하나와 13.7센티미터 선분 하나가 있다고 가정해보자. 그리스인들은 소수점 아랫자리 숫자를 몰랐기 때문에 자연수만 가지고 길이를 쟀다. 따라서 그리스인들은 두번째 선분을 센티미터 단위로 잴 수 없었다. 하지만 그것이 큰 문제가 되지는 않았다. 왜냐하면 이런 경우에는 측정 단위를 열 배 줄여서, 두 선분을 각각 90밀리미터, 137밀리미터로 재면 되었기 때문이다. 피타고라스는 이처럼 어떤 두 선분도 그 길이와 상관없이 적합한 측정 단위만 찾아낸다면 항상 통약 가능하다고 확신했다.

하지만 메타폰티온Metapontion의 히파소스Hippasus라는 피타고라스 학파의 한 제자가 이러한 확신에 반증을 제시했다. 히파소스는 정사각형의 변과 그 대각선이 통약 불가능하다는 사실을 알아냈다. 우리가 어떤 측정 단위를 선택하든지 상관없이, 정사각형 한 변의 길이와 대각선의 길이는 정수 비로 표현할 수 없다는 뜻이다. 히파소스는 이에 대해 전혀 의심할 여지가 없는 논리적 증명을 내놓았다. 그리지 피타고라스와 그의 제자들은 너무 난처해진 나머지 히파소스를 피타고라스학파에서 제명했다. 심지어 피타고라스학파 동료들이 그를 바다에 수장시켰다는 이야기까지 있을 정도다!

이러한 일화는 수학자에게 무서운 이야기이다. 우리는 어떤 것에 대해 절대적으로 확신할 수 있을까? 어떠한 수학적 발견도 언젠가는 무너져버릴 수 있다는 영원한 두려움 속에서 살아야 하는 걸까? 그렇다면 3-4-5 삼각형은? 정말 직각이라고 확신할 수 있는가? 지금까지는 완전히 직각으로 보였던 것이 어느 날 직각이 아니라 직각에 가까운 것이었다는 사실이 밝혀지지 않으리라는 보장이 있는가?

오늘날에도 여전히 잘못된 직관에 사로잡힌 수학자들은 드물지 않다. 그래서 현대 수학자들은 엄밀성을 추구하던 그리스 수학자들의 태도를 본받으려 한다. 다시 말해 이미 증명된 기술인 '정리'와, 맞는다고 여겨지지만 아직 증명되지 않은 '추측'을 구분하는 데 심혈을 기울인다.

오늘날 가장 유명한 추측 가운데 하나는 '리만Riemann 가설(1과 그 수 자신으로만 나누어 떨어지는 2, 3, 5, 7, 11 등의 소수가 일정한 패턴을 가지고 있다는 학설—옮긴이)'이다. 아직 증명되지 않은 이 가설의 진실성에 대해, 수많은 수학자들이 이 가설을 자신의 연구 토대로 삼을 만큼 충분히 확신하고 있다. 어느 날 리만 가설이 '정리'가 된다면 이들의 연구도 마찬가지로 그 유효성이 입증될 것이다. 하지만 리만 가설이

수학에 관한 어마어마한 이야기

반증된다면 그 수학자들이 일생에 걸쳐 힘쓴 연구 업적도 이 가설과 함께 폐기될 것이다. 21세기 과학자들은 아마 고대 그리스 학자들보다 더 합리적이기는 하겠지만, 이런 상황에서 리만 가설의 반증을 입증한 수학자가 나타난다면 몇몇 동료들은 그를 익사시키고 싶은 충동을 느낄지도 모른다.

수학에서 증명이 필요한 이유는 바로 이러한 반증에 따르는 끝없는 고뇌를 피하기 위해서다. 우리는 절대로 3-4-5 삼각형이 직각삼각형이 아니라는 사실을 밝혀내지 못할 것이다. 3-4-5 삼각형이 직각삼각형이라는 것은 확실하다. 그리고 이러한 확신은 피타고라스의 정리를 증명할 수 있다는 사실에서 비롯된다. 두 변의 제곱을 더한 값이 셋째 변의 제곱과 같은 모든 삼각형은 직각삼각형이다. 이 명제가 메소포타미아인들에게는 아마 추측에 지나지 않았을 것이다. 하지만 그리스인들이 이 명제를 증명으로 만들었다. 휴.

그렇다면 증명과 유사한 것이 있다면 무엇일까? 피타고라스의 정리는 가장 유명한 정리일 뿐 아니라, 제각각 다른 증명의 수가 가장 많은 정리이기도 하다. 수십 개나 된다. 그중에서 몇 개는 유클리드나 피타고라스에 대해 한 번도 들어보지 못한 문명권에서 독자적으로 밝혀졌다. 예를 들어 중국 『구장산술』에는 피타고라스의 정리에 대한 증명이 들어 있다. 또 다른 증명들은, 이미 피타고라스의 정리가 증명되었음을 알고 있는데도 자신의 발자취를 남기기 위해, 혹은 도전 과제라고 여겨 새로운 증명을 하는 것을 재미있어한 수학자들이 세운 업적이다. 이런 사람들 중에서 이탈리아의 발명가 레오나르도 다빈치Leonardo da Vinci, 미국 제20대 대통령 제임스 가필드James Garfield 등 몇몇 유명 인사들이 있다.

여러 가지 증명에서 찾아볼 수 있는 원칙 중에는 퍼즐의 법칙이란 것이 있다. 같은 퍼즐 조각을 가지고 도형 두 개를 만들 수 있다면 이 둘의 넓이는 서로 같다는 법칙이다. 유휘劉徽라는 3세기 중국 수학자가 만든 아래의 도형 분할을 살펴보자.

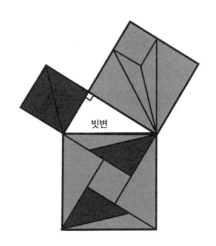

빗변

가운데에 있는 직각삼각형의 두 변을 한 변으로 해서 만든 두 정사각형은 각각 두 조각, 다섯 조각으로 구성되어 있다. 이 두 정사각형의 조각들은, 직각삼각형의 빗변을 한 변으로 삼아 만든 정사각형을 구성하는 일곱 조각과 일치한다. 따라서 빗변으로 만들어진 직사

수학에 관한 어마어마한 이야기

각형의 넓이는 작은 두 변으로 만들어진 직사각형 넓이의 합과 같다. 정사각형의 넓이는 한 변 길이의 제곱 값과 같으므로, 이 분할법은 피타고라스의 정리가 참이라는 사실을 보여준다.

우리는 여기서 모든 부분을 자세하게 짚고 넘어가지는 않지만, 퍼즐 증명법은 각 퍼즐 조각들이 완전히 동일하고 이러한 방식의 분할법이 모든 직각삼각형에서 통용된다는 점을 완벽하게 보여주기에 적격이다.

그러면 이제 다시 우리의 추론 사슬을 생각해보자. 왜 3-4-5 삼각형은 직각인가? 3-4-5 삼각형이 피타고라스의 정리를 입증하기 때문이다. 그러면 왜 피타고라스의 정리가 참인가? 빗변을 한 변으로 한 정사각형은 직각을 낀 두 변의 길이를 한 변으로 한 정사각형 조각들과 일치한다는 사실을 유휘의 분할법이 보여줬기 때문이다. 이는 마치 아이들이 끊임없이 '왜?'라고 묻는 것과 비슷하다. 문제는 '왜'라고 묻는 일에는 절대로 끝이 없다는 난처한 결함이 있다는 것이다. 한 질문에 대한 답변이 무엇이든 간에, 언제든지 그 답변에 대해 새로운 질문을 또 던지는 일이 가능하다. 왜? 응, 그런데 왜?

퍼즐로 돌아오자. 도형이 같은 조각으로 만들어졌다면 해당 도형의 넓이는 같다고 확인했다. 하지만 우리가 이 명제를 참이라고 증명했던가? 조합하는 방식에 따라 그 넓이가 바뀌는 퍼즐 조각을 찾는 경우가 생기지는 않을까? 이 같은 주장은 터무니없어 보인다. 그렇지 않은가? 너무나 터무니없으니 이를 증명하려 든다면 어디가 아간 잘못된 게 아닌가 할 정도다. 하지만 우리는 방금 모든 것을 증명하는 것이 수학에서 중요하다는 사실을 깨우쳤다. 이제 막 이 원칙을 받아들이고서 이를 포기할 텐가?

이 문제는 상당히 심각하다. 퍼즐의 법칙이 왜 참인지를 설명해냈다고 할지라도 이러한 결론에 도달하는 데 사용한 추론 과정을 증명해야 하는 일이 남았기 때문이다!

그리스 수학자들은 이런 점을 잘 인식하고 있었다. 증명하기 위해서는 어느 지점에선 출발할 수 있어야 한다. 그렇지만 모든 수학 작업의 제일 첫 문장이 증명됐을 리는 없는데, 왜냐하면 그 문장이 바로 맨 처음이기 때문이다. 따라서 모든 수학적 과정은 선행하는 몇몇 자명한 이치를 시인하는 데서 시작해야 한다. 다시 말해 뒤따를 모든 연역의 기초가 되고, 그렇기 때문에 최대한 신중을 기해서 선택해야 하는 명백한 진리 말이다.

이러한 명백한 진리를 수학자들은 '공리公理'라고 부른다. 공리는 정리나 추측처럼 수학적 기술이지만, 정리나 추측과 다른 점은 증명할 필요가 없고 증명하려고 하지 않는다는 점이다. 공리는 그 자체로서 참으로 받아들여진다.

유클리드가 기원전 3세기에 집필한 『기하학 원론』은 주로 기하학과 정수론을 다루는 총 열세 권으로 구성되어 있다.

우리가 유클리드의 삶에 대해 아는 바는 별로 없다. 유클리드에 대한 자료는 탈레스나 피타고라스에 비해 훨씬 드물다. 유클리드는 알렉산드리아에서 살았을 가능성이 있다. 또 어떤 사람들은 피타고라스와 마찬가지로, 유클리드도 실존 인물이 아니며 학자 집단의 이름이라고 주장하는 이들도 있다. 아무것도 확실하지가 않다.

비록 우리가 가진 정보는 얼마 안 되지만, 그가 『기하학 원론』이라는 기념비적 저서를 남긴 점은 알고 있다. 모든 사람이 이 책을 수학 역사에서 최초로 공리적 접근을 한 위대한 저작이라고 생각한다. 『기하학 원론』의 구조는 놀라울 정도로 현대적이고, 그 구성은 오늘날의 수학자들이 사용하는 방식과도 유사하다. 이 저작은 15세기 말에 구텐베르크 인쇄술로 인쇄된 최초의 책들 중 하나이기도 하다. 또 역사상 가장 많이 인쇄된 책인 성경 다음으로 유명한 저작일 것이다.

평면 기하학을 다루는 『기하학 원론』의 첫째 권에서 유클리드는 다음의 다섯 가지 공리를 제시한다.

1. 두 개의 다른 점을 지나는 직선은 오직 하나만 그릴 수 있다.
2. 직선은 양쪽으로 무한히 연장할 수 있다.
3. 주어진 하나의 선분의 한 끝을 중심으로 하고 그 선분의 길이를 반지름으로 하는 원을 그릴 수 있다.
4. 모든 직각은 서로 같다.
5. 주어진 하나의 직선과 만나는 두 직선은 교각의 합이 두 직각(180°—옮

긴이)보다 작은 방향에서 서로 만난다.[*]

그리고 흠잡을 데 없이 승냉된 부수히 많은 싱리가 귀빠나 나온다. 유클리드는 그 정리들 가운데 어디에서도 이 다섯 공리와 그가 앞서 증명한 내용 외에 다른 것을 일절 사용하지 않는다. 첫째 권의 맨 마지막 정리는 오래된 상식인데, 바로 피타고라스의 정리를 다룬 것이다.

유클리드 이후 수많은 수학자들이 공리를 선택하는 문제에 천착했다. 많은 이들이 특히 다섯번째 공리 때문에 곤욕을 치렀다. 이 다섯번째 공리는 다른 네 공리보다 훨씬 덜 기초적이다. 가끔은 같은 결론에 도달하면서도 더 간단한 다음의 서술로 대체되기도 한다. **"직선 밖의 임의의 한 점을 지나고 그 직선과 평행인 직선은 유일하다."** 다섯번째 공리 선택과 관련된 논쟁은 19세기까지 계속되었고, 이 시기에 이르러서야 다섯번째 공리가 틀렸다는 새로운 기하학 모델들이 세

---

* 나머지 네 개의 공리보다 훨씬 더 복잡한 이 공리를 가지고 수학자들은 수많은 토론을 벌일 것이다. 아래의 그림을 보면, 앞에서 언급한 것처럼 교각의 합이 두 직각보다 작으므로 선분 1과 2는 두 직각보다 작은 쪽에서 서로 만난다.

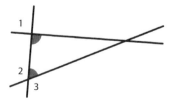

워진다.

공리를 서술하는 것은 '정의'라는 또 다른 문제를 낳는다. 공리를 서술하는 데 사용된 점, 선분, 각, 원 같은 단어가 각각 의미하는 바는 무엇인가? 증명과 마찬가지로 정의의 문제도 끝이 없다. 최초의 정의를 하기 위해서는 그전에 정의되지 않은 단어들을 가지고 잘 설명해야만 한다.

『기하학 원론』에서는 공리에 앞서 정의부터 시작한다. 첫째 권의 첫번째 문장은 '점'의 정의다.

점이란 부분이 없는 것이다.

여러분이 점을 정의해야 한다면 어떻게 할 것 같은가? 유클리드는 점이란 가장 작은 기하학 도형이라고 정의했다. 점으로는 퍼즐을 할 수 없고, 점은 분할할 수 없으며, 점에는 부분이 없다. 1632년에 『기하학 원론』의 프랑스어 판본 중 하나에서 드니 앙리옹Denis Henrion이라는 수학자는 유클리드의 정의에 약간 살을 붙여서, 점은 길이도 폭도 두께도 없다고 기술한다.

이처럼 부정문으로 쓰인 정의에 회의를 품을 수도 있다. 점이 아닌 것에 대해 말하는 것과 점이 무엇인지에 대해 말하는 것이 같지는 않다. 그렇지만 이보다 더 나은 대안을 제시할 줄 아는 사람이 있다면 그는 꽤나 영리한 사람이다. 우리는 20세기 초에 만들어진 어떤 교과서들에서 다음과 같은 정의를 찾아볼 수 있다. "점이란 얇게 깎은 연필로 종이 위를 눌렀을 때 남는 자국이다." 얇게 깎은 연필이라니! 이러한 정의는 구체적인 기술이다. 하지만 유클리드, 피타고라스, 탈레스가 도형을 추상적이고 관념적인 대상으로 만드느라 고생한 걸 생각하면 이러한 방식의 정의는 이들을 펄쩍 뛰게 만들 것이다. 얼마나 얇게 깎든지 간에, 어떤 연필로도 실제로 길이도 폭도 두께도 없는 점을 찍을 수는 없다.

자, 점이 무엇인지를 어떻게 말해야 하는지 아무도 알지 못하지만, 모호한 구석이 없을 정도로 충분히 간단하고 명료한 생각이라는 데는 모든 사람이 어느 정도 동의한다. 우리가 '점'이라는 단어를 사용할 때, 우리 모두는 같은 것에 대해 말한다고 거의 확신한다.

모든 기하학은 최초의 정의와 공리에 대한 종교적 신념을 기반으로 구축되었다. 그리고 이보다 더 나은 방안이 없었기에, 현대 수학도 이와 동일한 모델 위에 세워졌다.

정의, 공리, 정리, 증명 등 유클리드가 만든 길이 후대 수학자들이 매일 하는 일을 결정해주었다. 그러나 이론이 만들어지고 확대되는 과정에서 새로운 모래 알갱이가 수학자들의 신발 안으로 살짝 들어오게 될 텐데, 이것이 바로 '역설'이다.

역설이란 말이 될 것 같지만 말이 되지 않는 것이다. 풀리지 않을 것 같아 보이는 자기모순이다. 완벽하게 맞는 것 같은 추론이 완전히 터무니없는 결론에 닿는 것이다. 여러분이 이견의 여지가 없을

수학에 관한 어마어마한 이야기

듯한 공리 목록을 작성하고, 거기서부터 추론해서 도달한 정리가 거짓이라고 밝혀진 경우를 생각해보라. 악몽이 따로 없다!

가장 유명한 역설 중 하나는 에우불리데스Eubulides가 만든 것으로, 시인인 에피메니데스Epimenides의 문장에 대한 것이다. 어느 날 에피메니데스가 "크레타 섬 사람들은 모두 거짓말쟁이다"라고 말했다. 문제는 에피메니데스 자신도 크레타 섬 사람이란 사실이다. 그 결과, 에피메니데스가 말한 것이 참이라면 그는 거짓말쟁이다. 따라서 그가 말한 문장 내용은 거짓이 된다. 그렇다면 반대로, 그의 문장이 거짓이라면 에피메니데스는 거짓말을 한 것이고, 그의 문장은 참이 되어버린다. 같은 종류의 비슷한 모순이 연달아 만들어지는데, 그중 가장 간단한 것은 한 사람이 '나는 거짓말을 하고 있다'라고 말하는 것이다.

거짓말쟁이의 역설은 문장 전체가 참이나 거짓 둘 중에 하나여야 한다는 편견에 의문을 제기한다. 제삼의 가능성은 없다. 수학은 여기에 '배중률排中律'〔어떤 명제와 그것의 부정 가운데 하나는 반드시 참이라는 법칙—옮긴이〕이라는 이름을 붙인다. 언뜻 생각하기에 이 배중률을 공리로 삼고 싶다는 마음이 들 수도 있다. 하지만 거짓말의 역설은 우리로 하여금 상황이 이보다 복잡하다고 경계하게 만든다. 한 명제가 스스로의 거짓을 확증하고 있다면, 그 명제는 논리적으로 참도 아니고 거짓도 아닐 수밖에 없다.

이러한 궁금증이 있다 하더라도 오늘날까지 대부분의 수학자들은 배중률이 참이라고 생각한다. 무엇보다도 거짓말의 역설은 진정한 의미의 수학적 기술이 아니며, 우리는 이를 논리적 모순이라기보다는 언어적 비논리성으로 봐야 할 것이다. 그러나 에우불리데스가 죽은 지 2000년이 더 흐른 후, 논리학자들은 같은 유형의 역설들을 가장 엄밀한 이론 가운데에서도 찾아볼 수 있다는 사실을 발견하면서 수학계에 큰 파장을 몰고 왔다.

기원전 5세기에 태어난 엘레아의 제논Zenon ho Elea은 역설을 만드는 능력이 뛰어났다. 10여 개나 되는 역설을 만들었다고 알려져 있다. 그중 가장 유명한 것이 바로 아킬레우스와 거북의 역설이다.

뛰어난 운동선수인 아킬레우스와 거북이 달리기 시합을 한다고 생각해보자. 공정한 시합을 위해 거북이 좀 더 앞에서, 가령 100미터 정도 앞에서 달리기로 한다. 거북이 앞에서 시작한다고 해도 아킬레우스가 거북보다 훨씬 빨리 달리므로 결국에는 아킬레우스가 어느 시점에서는 거북을 따라잡으리라는 것이 자명해 보인다. 그러나 제논은 이와 반대되는 주장을 한다.

제논의 논리를 살펴보면, 달리기 시합을 여러 단계로 나눈다. 거북을 따라잡으려면 아킬레우스는 거북과 떨어진 거리, 즉 최소 100미터를 달려야 한다. 그가 이 100미터를 지나는 시점에 거북도 얼마쯤은 앞으로 나아갈 테니 아킬레우스가 거북을 따라잡는 데에는 또 얼마간의 거리가 생긴다. 하지만 아킬레우스가 이 거리를 따라잡으면 거북은 또다시 조금 앞서간다. 따라서 아킬레우스는 그 약간의 거리를 따라잡아야 하고 그 시간 동안 거북은 또다시 조금 앞서간다.

요약하자면, 거북이 앞서 나간 지점에 아킬레우스가 도달할 때마다 거북은 조금씩 앞으로 더 가고, 그러면 아킬레우스는 영원히 거북을 따라잡지 못한다. 우리가 이러한 과정을 몇 번으로 나누든지 이는 참이 된다. 따라서 아킬레우스는 절대로 거북을 추월할 수 없으면서 동시에 점점 거북에게 가까워지는 벌을 받는 것과 다름없다!

말도 안 되지 않는가? 실제로 실험해보면 달리기 선수는 거북을 결국 추월한다는 사실을 확인할 수 있다. 그렇지만 추론 자체는 성립되는 것 같고, 이에 대한 논리적 오류를 발견하기가 어려워 보인다.

수학자들이 교묘하게 '무한'이라는 개념을 무시한 이 역설을 이해하는 데는 오랜 시간이 걸렸다. 달리기 선수가 직선으로 달린다면 그들의 경로는 유클리드가 선분이라고 말한 것과 비슷하다고 생각할 수 있다. 선분이란 그 길이가 모두 0인 점들이 무한대로 이어져 만들어진 것이지만 선분의 길이는 유한하다. 따라서 어떤 면에서는 유한 속에 무한이 있는 식이다. 제논의 역설은 아킬레우스가 거북을 따라잡아야 하는 시간을 점점 더 짧아지는 무한대로 분할한다. 그러나 이 무한대의 과정이 실제로는 유한한 시간 속에서 이루어지므로, 시간이 흐르면 아킬레우스가 거북을 따라잡는 데에는 아무런 문제가 없다.

수학에서 무한이라는 개념은 아마 역설의 가장 거대한 근원이자, 가장 매혹적인 이론들의 요람이기도 할 것이다.

수학자들은 역사의 흐름을 따라가면서 역설과 모순된 관계를 맺을 것이다. 한편으로 역설은 큰 위험을 의미한다. 어느 날 한 이론이 역설이라는 사실이 밝혀지고, 그 이론의 모든 근간과 우리가 그 공리 위에 세워졌다고 생각한 모든 정리가 무너진다면 어떻게 될까? 그러나 다른 한편으로 이만한 도전이 없다. 역설은 문제 제기를 할 때 매우 생산적이고 매력적인 출발점이 된다. 역설적인 데가 있다면, 이는 우리가 뭔가 빠뜨린 것이 있다는 뜻이다. 우리가 개념을 잘못 이해했거나, 정의를 잘못 내렸거나, 공리를 잘못 선택했다는 뜻이다. 그렇게까지 명백하지 않은 것을 자명한 이치로 삼았다는 말이다. 역설은 모험으로 부르는 초대장이다. 가장 깊숙한 곳에 있는 명백한 진리마저 다시 생각해보게 하는 초대장. 역설이 새로운 생각과 기발한 이론들로 우리를 밀어넣기 위해 그곳에 있지 않았더라면, 우리는 얼마나 많은 생각과 이론을 깨닫지 못하고 지나쳐버렸겠는가?

제논의 역설은 무한과 측정에 관한 새로운 사고 체계에 영감을 불어넣었다. 거짓말쟁이의 역설은 논리학자들이 참과 증명이라는, 여전히 매우 첨예한 개념을 탐구하도록 이끌었다. 오늘날에도 수많은 학자들이 그리스 학자들이 만든 역설 속에 잠재된 수학의 비밀을 밝히려 애쓰고 있다.

1924년에 수학자 스테판 바나흐Stefan Banach와 알프레트 타르스키 Alfred Tarski는 그들의 이름을 딴 역설을 만들어냈는데, 이 역설은 퍼즐의 법칙까지도 문제 삼는다. 퍼즐의 법칙은 굉장히 당연해 보이지만, 잘못된 구석을 찾을 수 있다. 바나흐와 타르스키는 부피가 있는 도형을 여러 조각으로 나눈 후에 우리가 그 조각을 재조합하는 방식에 따라 원래의 부피와 같지 않은 3차원 퍼즐을 기술해냈다(이 부분은 나중에 14장에서 다시 다룰 것이다). 하지만 그들이 만들어낸 조각들은 너무 이상하고 괴이해서 그리스 기하학자들이 다루었던 도형과는 아무런 상관도 없는 것 같다. 퍼즐 조각들이 삼각형이나 정사각형, 그 밖의 다른 고전적인 도형 형태를 하고 있는 한, 퍼즐의 법칙은 유효하니 안심하시라. 유휘가 해낸 피타고라스의 정리 증명은 지금도 유효하다.

하지만 우리는 여기에서 교훈을 얻을 수 있다. 그리스 학자들이 우리를 위해 열어둔 수학 세계의 신비로움에 깜짝 놀라고 경탄하면서, 동시에 자명해 보이는 이치들을 의심해보자.

6장

—

갈수록 태산, 아니 갈수록 파이π

2015년 3월 14일, 나는 '발견의 전당$_{\text{Palais de la Découverte}}$'에 간다. 오늘은 축제일이다!

1930년대 초, 프랑스 물리학자이자 노벨상 수상자인 장 페랭$_{\text{Jean Perrin}}$은 모든 과학 분야 연구에서 이루어진 진전에 대중이 관심을 가질 수 있도록 과학관 프로젝트를 구상한다. 1937년에 개관한 '발견의 전당'은 샹젤리제 거리 바로 옆에 있는 그랑팔레의 서관 2만 5000제곱미터 전체를 전시 공간으로 바꾼 것이다. 당시 전시는 6개월 동안 열리는 특별 전시였으나, 커다란 성공을 거두고 1938년부터 상설 전시 공간으로 탈바꿈했다. 개관한 지 80년이 지난 오늘날에도 매년 수십만 방문객이 파리 과학박물관을 찾는다.

수학에 관한 어마어마한 이야기

지하철에서 나온 후, 나는 그랑팔레 입구를 향해 프랭클린루스벨트 가街를 따라 올라간다. 건물 입구 앞에 있는 층계에 도착하니 여기 적혀 있는 숫자들에 관심이 갔다. 4, 2, 0, 1, 9, 8, 9. 이상하기 그지없는 일련의 숫자들이 지면에서부터 시작해 계단을 따라 건물 안까지 구불구불 적혀 있다. 예삿일은 아니다! 내가 마지막으로 이곳에 왔을 때는 이 숫자들이 없었다. 계속해서 숫자를 따라간다. 1, 3, 0, 0, 1, 9. 나는 과학관 안으로 들어간다. 숫자가 계속 이어진다. 1, 7, 1, 2, 2, 6. 숫자는 원형 돔 아래 로비를 따라 중앙 계단으로 돌진한다. 7, 6, 6, 9, 1, 4. 나는 계단을 네 칸씩 성큼성큼 올라가 천체투영관 플라네타리움planétarium 입구에 도착하자 왼쪽으로 꺾는다. 5, 0, 2, 4, 4, 5. 숫자를 따라 쭉 직진하니 수학관 앞에 도착한다. 숫자들은 둥글게 똬리를 틀고 바닥에서 벽으로, 벽에서 벽을 따라 계속 이어진다. 5, 1, 8, 7, 0, 7. 이제 이 숫자들이 뻗어나온 곳이 보인다. 나는 넓은 원형 전시실 한가운데에 서는데, 빨간색 숫자들, 검은색 숫자들이 커지면서 계속해서 더 높은 곳을 향해 소용돌이치듯 올라간다. 마침내 내 시선이 일련의 숫자들의 첫 시작점에 닿는다. 3, 1, 4, 1, 5…… 나는 '발견의 전당'에서 상징적인 공간 중 하나인 'π(파이, 원주율) 전시실'의 한복판에 와 있다.

π는 가장 유명하고 매력적인 상수임이 틀림없다. 전시실이 원형으로 되어 있다보니 π라는 수가 기하학에서 원과 아주 밀접한 관계가 있다는 사실이 떠오른다. 원의 둘레를 구하려면 원의 지름과

π를 곱해야 한다. π는 그리스 알파벳에서 열여섯번째 글자로, 알파벳 P에 해당하며, 원의 둘레perimeter를 뜻하는 단어의 첫 글자다. π는 그렇게 크지는 않고 3보다 아주 조금 더 큰 수이지만, 소수 부분이 끝없이 계속된다. 3.14159265358979…….

보통 박물관 방문객들은 'π 전시실'의 원형 벽을 빙 둘러 적혀 있는 704개의 소수점 이하 숫자들을 볼 수 있다. 하지만 오늘 이 숫자들이 전시실 밖으로 뛰쳐나온 것이다! 숫자들이 박물관 곳곳을 점령하고, 심지어 길거리까지 그 모습을 드러냈다. 오늘이 굉장히 역사적인 날이라는 점을 꼭 짚고 넘어가야겠다. 2015년 3월 14일은 100년에 한 번 찾아오는 π의 날이다!

첫번째 '파이 데이π day'는 1988년 3월 14일, '발견의 전당'의 미국 버전 격인 익스플로러토리엄Exploratorium〔샌프란시스코 과학관—옮긴이〕에서 열렸다. 세번째 달의 열네번째 날, 즉 3월 14일은 π를 기념하기 위한 날이었다. 3.14는 우리가 통상 소수점 이하 두 자리까지만 써서 사용하는 π의 근삿값이다. 이때부터 매년 파이 데이에 전 세계의 수많은 수학 전문가들과 아마추어 수학 애호가들이 π를 기념하기 위해, 그리고 π를 통해 수학을 기념하기 위해 한자리에 모인다. 파이 데이는 점차 그 규모가 커져서, 2009년에는 미국 하원 의회에서 파이 데이를 공식 기념일로 지정했다.

올해 2015년에는 π에 열광하는 애호가들이 그 어느 때보다 이날을 간절히 기다렸다. 오늘은 3/14/15이라 날짜 뒤에 소수점 두 자

수학에 관한 어마어마한 이야기

리를 추가할 수 있는 날이다. 올해 파이 데이는 아주 웅장할 것이다. 이번 행사를 위해 '발견의 전당' 내에 있는 수학팀 전부가 현장에 나간다. 내가 오늘 이 자리에 참석한 이유도 바로 그것이다. 나는 몇몇 동료와 함께 수학을 경험해볼 수 있는 기회가 풍성할 이날, 도움의 손길을 주기 위해서 왔다.

π는 처음에 기하학에서 그 존재가 드러났지만, 곧이어 대부분의 수학 분야로 퍼져나갔다. π는 여러 얼굴을 지닌 수다. 정수론, 대수학, 해석학, 확률론 등 자신의 전공이 무엇이든지 간에, π와 전혀 관련 없는 수학자는 거의 없다. '발견의 전당' 중앙 로비의 여러 단면으로 나뉜 원형 돔은 활기로 가득하다. 이곳에서 방문객들은 바닥 나무판 하나에 무작위로 떨어져 있는 바늘의 수를 세는데, 그때 곱셈표에 들어 있는 수들의 비율을 관찰한다. 바닥에서는 아이들이 작은 나무판자들을 원고리에 채워넣는다. 또 다른 무리는 바퀴가 평면 위에서 굴러갈 때 바퀴 위의 일정한 한 점이 어떤 경로를 취하는지 생각해보느라 바쁘다. 그리고 마침내는 모두가 같은 결론에 도달한다. 바로 3.1415……이다.

거기서 조금 떨어진 곳에서는 관람객들을 대상으로 π의 소수점 아래 자리에서 자신의 생년월일이 언제 처음 나타나는지를 찾아볼 수 있게 마련된 행사가 진행되고 있다. 한 청년이 시험 삼아 나선다. 그의 생년월일은 1994년 9월 25일이다. 결과가 곧 나오는데,

25091994라는 숫자 배열은 소수점 이하 12,785,022번째 자리에서 나타난다(프랑스는 일/월/연도순으로 날짜를 쓴다—옮긴이). 과학자들은 길이가 어떠하든지 모든 숫자 배열이 π의 소수점 이하 어느 지점에 선가는 반드시 나타난다고 내다보았다. 컴퓨터 시뮬레이션이 이러한 추측을 확인해주었다. 지금까지 검색해본 모든 숫자 배열이 결국은 발견되었다. 하지만 아직 이 가설이 모든 경우에 항상 유효하다는, 반증의 여지가 없는 증명을 한 사람은 아무도 없다.

열두 살 정도 된 여자아이가 나에게 다가온다. 우리 주변에 놓인 신기한 도구들을 보고 호기심이 발동한 것 같다. 그리고 궁금한 게 있는 듯한 표정으로 나를 쳐다본다.

"'이게 다 뭐지?'라고 생각하는 것 아니니? π에 대해 들어본 적 있어?"

"아, 네!"

아이가 외친다.

"그건 3.14예요. 아, 아니다. 대략 3.14예요. 학교에서 배웠어요. 원주를 계산하기 위한 거죠. 그리고 시도 배웠어요."

"시?"

아이는 기억을 떠올리려고 눈을 찡그리더니 이내 노래를 부르기 시작한다.

Que j'aime à faire apprendre ce nombre utile aux sages

Immortel Archimède, artiste, ingénieur,

Qui de ton jugement peut priser la valeur?

Pour moi ton problème eut de pareils avantages.

현자에게 이 유용한 숫자를 가르치는 일을 내가 얼마나 좋아하는지

예술가이자 공학자인 불멸의 아르키메데스여,

너의 판단에 누가 가치를 매길 수 있을까?

너의 문제가 나한테는 이득이나 마찬가지였다네.

　내가 그 나이 정도였을 때 배웠던 동요를 듣자니 절로 미소가 번진다. 나는 이 노래를 잊고 있었다. 이 노래의 기법은 굉장히 기발하다. π를 떠올리려면 가사에 나오는 각 단어의 글자 수를 세기만 하면 된다. que=3, j=1, aime=4 식으로 말이다. 이 시는 다른 언어로도 수많은 버전이 있다. 그중에 아주 유명한 것은 영어로 쓰인 에드거 앨런 포의 시로 만든 노래인데, 소수점 이하 740번째 자리까지 부를 수 있다!*

　"잘한다!"

　나는 아이를 칭찬해준다.

---

* 1845년 포가 쓴 시 「갈가마귀The Raven」를 1995년에 마이클 키스Michael Keith가 〈갈가마귀 근처에서Near a Raven〉라는 제목으로, π에 맞추어 개작했다. 이 노래는 다음과 같이 시작한다. Poe E. // Near a Raven. // Midnights so dreary, tired and weary. Silently pondering volumes extolling all by-now obsolete lore.

"나는 이렇게 잘 기억하지는 못하는 것 같아. 그런데 있잖니, 방금 가사 중에 '아르키메데스'가 나왔잖아. 누군지 아니?"

자, 나는 아이에게 어려운 문제를 낸다. 아이는 어깨를 들어올리며 입술을 부루퉁하게 내민다. 보충 수업이라는 여행이 필요한 순간이다. 나는 커다란 원을 그리고, 그 원 안에 내접한 삼각형을 무수히 많이 그린다. 우리는 시칠리아를 향해 날아간다. 2300년 전, 고대 도시 시라쿠사Siracusa. 아르키메데스Archimedes가 바로 거기에서 우리를 기다린다.

작열하는 태양 아래서 매미들이 울어댄다. 거리마다 지중해 사방팔방에서 날아온 향기가 가득하다. 상인들의 좌판 위에 올리브, 생선, 포도 등이 나란히 놓여 있다. 도시의 북쪽에서는 에트나 산의 웅장한 그림자가 지평선을 가른다. 서쪽에는 비옥한 평야가 이곳 그리스 식민지의 번영을 책임지고, 동쪽에는 두 항구가 바다를 향해 열려 있다. 시라쿠사는 이 지역에서 매우 중요한 해상 요충지로 명성과 위력을 떨쳤다. 코린토스에서 온 그리스인들이 500년 전에 세운 시라쿠사는 지중해 연안에서 가장 번창한 도시 중 하나였다.

바로 이곳에서 기원전 287년에 한 사람이 태어나는데, 그의 천재성과 창의력이 새로운 수학 양식을 창시한다. 그 창시자 아르키메데스는 위대한 발명가 기질을 가졌을 뿐 아니라, 문제를 해결하면서도 혁신적이고 새로운 사고를 할 수 있는 성격을 타고났다. 지레의 원리와 나선식 펌프(나선 양수기) 원리는 아르키메데스 덕분에 알려졌다. 욕조 안에 있다가 그 유명한 '유레카!'라는 말을 외친 이도 아르키메데스인데, 전하는 바에 따르면 오늘날 아르키메데스의 이름을 따서 붙인 물리 법칙이 어느 날 머릿속에 퍼뜩 떠올랐다고 한다. 액체에 빠진 물체는 그 물체가 밀어낸 액체의 무게와 똑같은 힘을 수직 방향으로 받는다는 법칙 말이다. 그래서 물보다 가벼운 물체는 물에 뜨고, 물보다 무거운 물체는 가라앉는다. 그런가 하면 시라쿠사가 로마 함대에 포위된 어느 날, 태양 광선을 집중시켜 다가오는 적군의 배를 불태울 수 있는 거울 장치를 아르키메데스가 만들었다는 일화도 있다.

수학에서 π의 실마리를 찾는 데 최초로 가장 큰 진전을 이룰 수 있었던 것은 아르키메데스 덕분이다. 아르키메데스 이전에도 많은 사람이 원에 관심을 가졌지만, 그들의 접근 방식은 종종 정확성이 부족했다. 여러분은 『구장산술』을 기억하고 있는지? 거기에서 직경이 10보이고 그 둘레가 30보인 둥그런 토지 넓이를 구하는 문제가 나왔었다. 이 값은 π가 3이라는 사실을 상기시킨다. 또한 아메스의 파피루스에 등장한 원의 구적법 근삿값은 π를 약 3.16으로 추정한 값이다.

아르키메데스는 정확한 π 값을 구하기 어려울 뿐 아니라, 나아가 그런 일은 불가능하다는 사실을 알았다. 따라서 아르키메데스조차 근삿값 수준에서 만족해야 했지만, 그의 접근법은 두 가지 점에서 다른 이들과 달랐다. 첫째, 아르키메데스보다 앞선 수학자들은 자신들의 방법론이 정확하다고 생각했겠지만, 아르키메데스는 π 값에 근접한 근삿값밖에 못 구한다는 점을 완전히 인식했다. 둘째, 아르키메데스는 π의 실제 값과 근삿값의 차이를 추정하고, 그 간극을 차츰 줄일 수 있는 방법론을 고안했다.

그는 계산을 여러 번 한 끝에 마침내 자신이 찾던 값이 지금의 십진법으로 환산하면 약 3.1408과 3.1428 사이에 있다는 결론을 내린다. 정리하자면, 아르키메데스는 마침내 0.03퍼센트 차이의 정확도로 π 값을 알아냈다.

• 아르키메데스의 방법 •

π의 근삿값 범위를 계산하기 위해 아르키메데스는 정다각형에 딱 맞는 원을 그렸다. 지름이 1인 원을 예로 들어 설명해보자. 이 원의 지름이 1이므로, 이 원 둘레의 길이는 π이다. 원에 외접한 정사각형을 그려보자.

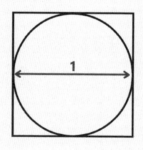

원의 지름이 1이므로 정사각형 한 변의 길이는 1이고, 정사각형의 둘레는 네 변의 합인 4가 된다. 원의 둘레는 정사각형의 둘레보다 작으므로, 우리는 π가 4보다 작은 수라고 추론할 수 있다.

그렇다면 이번에는 원 안에 내접하는 육각형을 아래와 같이 그려보자.

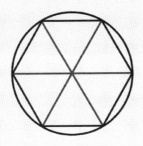

이 육각형은 원의 반지름(0.5)을 한 변으로 하는 정삼각형 여섯 개를 합한 것과 같다. 따라서 정육각형의 둘레는 3이다($6 \times 0.5 = 3$). 우리는 여기서 π가 3보다 큰 수라고 추론할 수 있다.

자, 여기까지는 전혀 놀라운 점이 없다. π의 근삿값 범위가 3과 4 사이라는 결론은 아직까지는 매우 부정확한 값이니 말이다. 이제는 근삿값을 좀 더 구체화하기 위해 정다각형 변의 개수를 늘려보자. 정육각형의 변을 각각 절반으로 나누면, 우리는 원에 훨씬 가까워진 정십이각형을 그릴 수 있다.

주로 피타고라스의 정리를 이용한 몇 번의 지루한 계산을 하다 보면, 이 정십이각형의 둘레가 약 3.11 정도가 된다는 결론이 나온다. 따라서 π는 이것보다 큰 수다.

아르키메데스는 0.001 단위까지 정확히 π의 근삿값을 구하기 위해 위와 같은 작업을 세 번 더 거쳤다. 정다각형의 변을 절반으로 나누는 작업을 반복하다보면 우리는 정이십사각형, 정사십팔각형, 마침내는 정구십육각형을 그릴 수 있다.

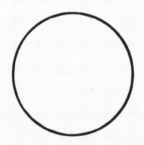

정다각형이 보이지 않는가? 당연하다. 정구십육각형은 각

수학에 관한 어마어마한 이야기

변이 원에 거의 근접해서 육안으로 봐서는 다각형과 원을 구분하기가 거의 불가능하다. 이런 방식으로 아르키메데스는 π가 3.1408보다 큰 수라는 결론을 내렸다. 마찬가지 방식으로 원에 외접한 정다각형 둘레의 길이를 이용해 π는 3.1428보다 작다는 사실을 알아냈다.

아르키메데스 방법의 강점은, π 값이 얼마인지 알아낸 것이 전부가 아니라 같은 방법을 계속해서 적용할 수 있다는 점이다. π의 근삿값을 좀 더 정밀하게 추정하려면 다각형의 변을 절반으로 나누는 작업을 계속하기만 하면 된다. 따라서 이론적으로는, 같은 계산을 반복한다면 우리가 원하는 만큼 정확한 π 값의 추정치를 얻을 수 있다.

기원전 212년에 로마군은 마침내 시라쿠사에 진입하는 데 성공한다. 이 도시를 포위한 마르쿠스 클라우디우스 마르켈루스 장군은 자기 부하들에게 당시 75세였던 아르키메데스를 살려주라고 명령한다. 그렇지만 도시가 함락되는 동안에도 아르키메데스는 기하학 문제 연구에 몰두한 나머지 아무것도 신경을 쓰지 않았다. 한 로마 군인이 그를 찾아오자, 도형을 땅바닥에 그려놨던 아르키메데스는 그 군인에게 "내 원을 밟지 마시오!"라고 무심히 말한다. 그 군인은 화가 나서 그를 칼로 찌르고 말았다.

마르켈루스 장군은 아르키메데스의 묘비를 아름답게 만들어주고

원기둥에 내접한 구의 그림을 새겨넣었는데, 이는 아르키메데스의 가장 훌륭한 정리 중 하나를 가리킨다. 그 이후 7세기 동안 로마 제국은 아르키메데스만큼 훌륭한 역량을 갖춘 수학자를 배출하지 못했다.

수학 분야에서 고대는 서서히 완성된다. 로마 제국은 곧 지중해 연안 전체로 뻗어나가고, 로마의 새로운 문화 속에서 그리스의 정체성은 차츰 희석된다. 하지만 한 도시가 수세기 동안 계속해서 그리스 수학자들의 정신을 지켜나가는데, 그곳이 바로 알렉산드리아다.

알렉산드로스 대왕은 동방 원정을 실행하다가 기원전 332년 말에 이집트를 점령했다. 그는 비록 이집트에서 몇 개월밖에 머물지 않았지만, 멤피스에서 스스로를 파라오로 선포하고 지중해 연안에 새로운 도시를 짓기로 결정한다. 그러나 대왕은 자신의 이름을 붙인 도시를 결코 보지 못한다. 8년 후 그가 바빌로니아에서 사망하자, 그가 세운 제국은 부하 장군들이 제각각 나누어 가졌는데, 이집트는 프톨레마이오스 1세가 차지하고 알렉산드리아를 수도로 정한다. 그의 치세하에서 알렉산드리아는 지중해 연안 지역에서 가장 번창하는 도시가 된다.

프톨레마이오스는 알렉산드로스 대왕의 뒤를 이어 대규모 공사를 추진한다. 알렉산드리아를 마주 보고 있는 파로스 섬의 곶에 기념비적인 등대를 건설하는 사업을 추진한 것이다. 머지않아 그리스 작가들은 알렉산드리아 등대가 아주 비범한 기념물임을 알아보고

수학에 관한 어마어마한 이야기

서, 세계 7대 불가사의 목록에 이 등대를 일곱번째이자 마지막 불가사의로 올린다.

우리도 잠시 멈춰 서서, 등대 꼭대기까지 수백 개 나선형 계단을 올라갈 용기를 낸 관광객의 눈앞에 드러난 이례적인 풍경을 즐겨보자. 북쪽을 바라보라. 지중해가 끝없이 펼쳐질 것이다. 여기서 50킬로미터 남짓 떨어진 곳에서 들어오는 무역선들을 볼 수 있다. 이제 막 그중 한 척이 화물을 한가득 싣고서 여러분 앞을 지나쳐 항구로 들어오고 있다. 아테네나 시라쿠사, 아니면 훗날 마르세유라고 불리는, 골 지역 남쪽에 있는 활기찬 고대 도시 마살리아에서 온 배일지도 모른다. 이제 시선을 남쪽으로 돌려보면, 나일 강 삼각주가 눈에 띌 것이다. 여기서부터 5킬로미터 떨어진 곳에 위치한 삼각주를 넘나드는 짠물호수를 보게 될 텐데, 그곳이 바로 마레오티스 호수다. 마레오티스 호수와 지중해 바다 사이에 긴 띠 모양으로 된 땅 위에 세워진 알렉산드리아는 번영을 누린다. 알렉산드리아는 현대적인 신시가지다. 여러분은 도시 여기저기에서 건설 중인 몇몇 공사장을 볼 수 있을 것이다.

파로스 섬에는 등대만이 아니라 이시스 신전도 있다. 알렉산드리아 사람들은 이곳에 가려면 헵타스타디온을 이용해야 하는데, 이는 1300미터에 달하는 제방으로 항구를 두 유역으로 갈라놓는다. 등대 위에서 보면 산책하는 행인들의 조그마한 그림자가 언뜻 눈에 띈다. 알렉산드리아 시내로 돌아온 사람들은 왕궁 지역에 들어선다. 이곳에 프톨레마이오스의 왕궁과 극장, 포세이돈 신전 등이 있다. 약간 서쪽으로 가면 화려한 건물이 여러분을 시선을 잡아끌 것이다. 이곳이 바로 무세이온Mouseion이다. 우리가 지금 와 있는 곳이 바로 여기다.

프톨레마이오스는 고대 그리스의 문화유산을 보호하기 위해 이 커다란 박물관을 세우고 알렉산드리아를 아테네에 버금가는 위대한 문화의 전당으로 만들고자 한다. 따라서 각종 수단을 동원한다. 무세이온에 머무는 학자들은 왕의 총애를 받는 사람들이다. 이들은 연구를 수행하기 위해 숙식을 지원받고 돈도 받는다. 프톨레마이오스는 이들의 편의를 위해 어마어마한 양의 서가도 마련해준다. 이것이 바로 전설적인 알렉산드리아 도서관이다. 나중에 이 도서관이 무세이온에서 일한 위대한 과학자들보다 무세이온의 명성과 위엄을 더욱 드높인다.

프톨레마이오스가 서가를 채우기 위해 세운 전략은 간단하다. 알렉산드리아에 기항하는 모든 선박은 싣고 있는 책을 넘겨줘야 한다. 그런 다음 책을 복사해서 그 사본을 돌려준다. 원본은 도서관의 서가로 곧장 그 자리를 옮긴다. 시간이 흐른 뒤 프톨레마이오스 1세의 아들이자 후계자인 프톨레마이오스 2세는 전 세계의 왕들에게 그들의 왕국에서 가장 유명한 저서들의 사본을 보내달라고 요청한다. 알렉산드리아 도서관은 개관식 때 이미 거의 30만 권을 보유한 상태였다. 그 이후에는 장서가 70만 권까지 늘어난다.

수학에 관한 어마어마한 이야기

프톨레마이오스의 계획은 그 뒤로도 700년이 넘는 동안 순조롭게 수행되고, 지중해의 다른 지역에서는 찾아볼 수 없는 활력이 넘치는 지성의 성지 알렉산드리아에서 학자들이 그 뜻을 계승한다.

무세이온에 머물렀던 가장 유명한 사람 중에 지구의 둘레를 최초로 정확하게 측정한 키레네의 에라토스테네스Eratosthenes가 있다. 또 바로 여기에서 유클리드가 『기하학 원론』의 대부분을 집필했을 것이다. 디오판토스Diophantos라고 불린 사람은 그의 이름을 붙여 만든 방정식에 관한 유명한 저서를 이곳에서 썼다. 기원후 2세기에 (프톨레마이오스 1세와 전혀 관련이 없는) 클라우디우스 프톨레마이오스가 당시의 수학과 천문학 지식을 집대성한 『알마게스트Almagest』를 집필한 곳도 바로 이곳 알렉산드리아다. 비록 클라우디우스 프톨레마이오스는 지구를 중심으로 태양이 돈다고 생각했지만, 코페르니쿠스가 16세기에 이 문제에 끼어들기 전에는 『알마게스트』가 가장 영향력 있는 문헌이었다.

알렉산드리아에는 새로운 지식을 생산하거나 집필한 학자들만 있는 것이 아니었다. 번역가, 주해자, 교정자 등으로 구성된 하나의 생태계가 무세이온을 주축으로 구성되었다. 알렉산드리아는 이 모든 생태계가 풍요롭게 작동하는 곳이었다.

하지만 불행히도 4세기에 상황은 좋지 않게 흘러간다. 391년 6월 16일, 기독교를 로마 제국의 국교로 만들려고 힘쓴 테오도시우스 1세는 모든 이교도 예식을 금지하는 칙령을 발표한다. 무세이온은 실제로는 신전이 아니었는데도 황제의 결정에 따른 여파로 폐쇄되고 만다.

이 시기에 알렉산드리아 학계에서 활동한 저명인사 중에 히파티아Hypatia라는 여성이 있다. 그녀의 아버지 테온Theōn은 무세이온이 문을 닫을 당시에 무세이온의 책임자였다. 무세이온이 폐쇄된 이후에도 얼마 동안은 알렉산드리아 학자들이 연구를 계속 수행하는 데 큰 문제가 없었다. 스콜라학파의 소크라테스는, 당시 남성 학자들보다 과학적으로 월등했던 히파티아의 강연을 들으려고 셀 수도 없을 만큼 많은 사람들이 떼를 지어 달려갔다고 나중에 기록했다. 히파티아는 수학자이자 철학자다. 그녀는 수학의 역사에 이름을 남긴 최초의 여성이기도 하다.

최초라고? 완전히 최초는 아니다. 히파티아 이전에도 다른 여성들이 수학을 했을 테지만, 그들의 저서나 생애에 대해 우리는 알지 못한다. 여성들은 특히 피타고라스학파에 들어갔다. 그들 중 테아노, 아우토카리다스, 하브로텔레이아 등 몇몇 인사들이 알려져 있기는 하다. 그러나 우리가 이들에 대해 아는 바는 거의 없다고 봐야 한다.

히파티아가 쓴 어떠한 글도 전하지 않지만, 여러 저서에서 그녀의 업적을 언급한다. 히파티아는 주로 정수론, 기하학, 천문학에 관심이 있었다. 특히 몇 세기 전 디오판토스와 프톨레마이오스가 했던 연구를 이어서 했다. 히파티아는 또 수많은 발명을 한 인물이기도 하다. 예를 들면 아르키메데스 법칙을 잘 활용해서 액체의 농도를 측정하는 액체 비중계, 천체 측정을 수월하게 해주는 새로운 천문 관측 모

수학에 관한 어마어마한 이야기

델을 발명했다.

불행하게도 히파티아의 역사는 오래가지 못한다. 415년, 그녀는 알렉산드리아에 살던 기독교인들의 분노를 샀고, 기독교인들은 그녀를 뒤쫓아 마침내 암살하기에 이른다. 그녀의 몸은 난도질당해 조각난 채로 불태워졌다.

무세이온의 폐쇄와 히파티아의 죽음 이후, 알렉산드리아에서 과학의 불길은 빠른 속도로 꺼지고 만다. 도서관의 소장품들은 거의 남김 없이 사라졌다. 화재, 약탈, 해일, 지진 등이 이 도시를 뒤흔들었다. 알렉산드리아 도서관이 정확히 언제 어떻게 사라졌는지는 모르지만, 7세기에는 아무것도 남아 있지 않았다는 점은 확실하다.

한 시대가 이렇게 끝난다. 하지만 역사에는 늘 에움길이 있는 법이어서, 그리스 시대의 수학은 조만간 우리에게 도달하기 위한 다른 길들을 찾아갈 것이다.

7장

—

무無와 무보다 적은 것

티베트에 있는 해발 6714미터의 카일라스 산은 인간이 아직까지 한 번도 등정에 성공하지 못한 봉우리다. 회색 화강암 위에 눈이 가로줄무늬 모양으로 쌓여 있는 둥그런 산봉우리는 히말라야 서쪽에 우뚝 솟아 있어서 주변의 다른 풍경과 확연히 구분된다. 이곳에 사는 주민들은 불교를 믿든 힌두교를 믿든 관계없이 카일라스 산이 신성한 장소이며, 조상 대대로 내려오는 전설과 초자연적인 이야기들을 품고 있다고 생각한다. 심지어 이 지역 신화 속에 등장하는 우주의 중심, 상상의 수미산須彌山이 바로 카일라스 산이라는 이야기도 있다.

일곱 개의 성스러운 강 중 하나인 인더스 강의 수원이 이곳에 숨겨져 있다.

수학에 관한 어마어마한 이야기

    카일라스 산 비탈을 따라 흐르기 시작하는 인더스 강은 동쪽으로 방향을 잡고 인도 카슈미르 주의 산맥을 지그재그로 재빠르게 지나친 후, 남쪽 방향으로 천천히 내려간다. 그러고 나서 인도 펀자브 주와 파키스탄 신드 주의 평야를 지나, 아라비아 해의 삼각주로 흘러든다. 인더스 강 유역은 비옥하다. 고대에 이곳은 바람이 불면 살랑거리는 소리가 나는 숲이 우거진 지역이었다. 아시아코끼리가 코뿔소, 벵골호랑이, 수많은 원숭이들, 머지않아 피리 소리에 맞춰 춤을 출 뱀들과 함께 지냈다. 오솔길에 접어들면 금방이라도 이 지역을 무대로 그려진 『정글북』에서 뛰쳐나온 모글리를 마주치지는 않을까 기대할지도 모른다. 바로 이곳이 수수하지만 독창적인 문명의 탄생지가 되는 장소이며, 인더스 강 유역의 수학은 중세 초기에 결정적인 역할을 하게 된다.

    기원전 3000년 전부터 인더스 강 근처에는 모헨조다로나 하라파 같은 몇몇 주요 도시가 출현한다. 흙으로 만든 벽돌로 지어진 이 고대 도시들은 멀리 떨어져 있는 메소포타미아 도시들과 조금 비슷하다. 기원전 2000년대에는 베다 시대가 시작된다. 이 지역은 수많은 작은 왕국들로 나뉘고, 동쪽 방면으로 갠지스 강 유역까지 그 수가 점점 늘어난다. 힌두교가 탄생하고 발전하며, 산스크리트어로 쓰인 위대한 경전들이 최초로 집필된다. 기원전 4세기에 알렉산드로스 대왕은 인더스 강 유역까지 정복하고는 이집트 알렉산드리아의 영예로운 운명을 알지 못한 채, 이곳에다 알렉산드리아의 이름을 딴 두 도시를 건설한다. 그리하여 그리스 문화의 일부분이 인도에 편입된다. 그 후 16대국의 시대가 온다. 100년이 조금 넘는 동안은 마우리아 왕조가 인도 아대륙의 거의 대부분을 지배한다. 마우리아 왕주 이후에도 수많은 왕조가 그 뒤를 이었는데, 8세기에 이슬람 세력에 의해 정복되기까지 어느 정도 평화롭게 공존한다.

이렇게 몇 백 년의 시간이 흐르는 동안 인도인이 수학을 한 것은 분명하지만, 불행하게도 우리는 여기에 대해 아는 바가 별로 없다. 우리가 인도 수학에 대해 잘 알지 못하는 이유는 간단하다. 인도 학자들은 베다 시대 초기부터 구전으로 지식을 전수하는 완벽한 체계를 발전시켰지만, 그 지식을 글로 쓰는 것은 원칙적으로 금지했다. 지식은 생생한 목소리를 통해 한 세대에서 다음 세대로, 선생에게서 제자에게로 전수되어야 했다. 텍스트를 시의 형태로 외우거나, 그 밖에 잘 기억할 수 있는 방법을 써서 통째로 암기했다. 완벽하게 외울 수 있을 때까지 몇 번이고 반복해서 암송했다. 물론 여기저기서 규칙에 반하는 몇 가지 예외가 등장해, 우리한테까지 전해내려오는 글로 쓰인 기록의 단편들을 발견할 수는 있지만 양이 그다지 많지는 않다.

그렇지만 인도인들은 분명히 수학을 했다. 그렇지 않았다면 5세기경에 인도 학자들이 마침내 지난 몇 세기 동안 구전으로 내려오던 지식들을 글로 적어 기록하기로 결심했을 때, 우리에게 알려줄 개념이 그토록 풍부했다는 사실을 어떻게 설명할 수 있겠는가? 이 시기가 인

수학에 관한 어마어마한 이야기

도 과학의 황금기였으며, 인도 수학은 곧 전 세계로 퍼져나갔다.

　인도 학자들은 선조들에게서 전수받은 지식에 자신들이 발견한 내용을 보충하여 긴 개론서들을 쓰기 시작한다. 매우 유명한 학자 가운데 한 사람인 아리아바타Aryabhata는 천문학에 관심이 있었고 π의 정확한 근삿값을 계산했으며, 바라하미히라Varahamihira는 삼각법 분야에서 새로운 진전을 가져왔고, 브하스카라Bhāskara는 처음으로 동그라미 모양으로 숫자 영(0)을 쓰면서 오늘날 우리가 사용하는 십진법 체계를 과학적으로 사용했다. 그렇다, 우리가 보통 아라비아 숫자라고 부르는 열 개의 숫자, 곧 0, 1, 2, 3, 4, 5, 6, 7, 8, 9는 사실 인도에서 만들어졌다!

　그렇지만 이 시대의 인도 학자들을 통틀어 단 한 명만 기억해야 한다면, 역사가 선택할 이름은 아마 브라마굽타Brahmagupta일 것이다. 브라마굽타는 7세기, 우자인ujjain 천문대의 소장이었다. 현재 인도 중부를 흐르는 시프라 강 동쪽에 위치한 우자인은 그 당시 인도에서 가장 큰 과학 연구소 중 하나였다. 우자인 천문대는 명성이 자자했고, 알렉산드리아가 한창 번영 가도를 달리던 시절에 클라우디우스 프톨레마이오스가 이미 우자인의 존재를 알 정도였다.

　브라마굽타는 628년에 역작을 출간한다. 『브라마스푸타싯단타 *Brāhmasphuṭasiddhānta*』라는 저서에서 처음으로 0과 음수가 연산법칙과 함께 상세히 기술된다.

　현재 0과 음수는 해수면을 기준으로 한 고도 측정, 온도 측정 및 은행 계좌의 대차 금액 계산 등 일상의 어디에서나 찾아볼 수 있는 터라 우리는 0과 음수가 얼마나 뛰어난 착상인지 거의 잊고 지낼 때가 많다. 0과 음수의 발명은 인도 학자들이 최초로 완벽하게 수행해 낸, 인간의 뇌를 가지고 하는 비범한 곡예 연습이었다. 예리하면서 동시에 강력한 이 과정을 이해하는 일은 지적인 희열을 일으킨다. 그 이후 몇 세기 동안이나 수학자들이 겪을 혼란의 도가니를 좀 더 깊숙이 들여다보고 싶다면, 우리는 이에 대해 더 시간을 들여 이야기해야 한다.

사람들에게 내 관심사가 수학이라고 밝히면, 자주 듣는 질문 중 하나는 관심을 갖게 된 연유에 대한 것이다. 종종 "어쩌다가 이렇게 이상한 취미를 갖게 되셨나요?"라고 물어볼 정도다. 또 이렇게 묻기도 한다. "어떤 선생님 때문에 수학에 관심을 갖게 되었나요?" "어렸을 때부터 수학을 좋아했나요?" 이러한 취향을 한번 밝히고 나면 그때까지 수학에 전혀 관심이 없던 사람들의 호기심이 발동하고 만다.

솔직히 말하면 나도 언제부터 수학을 좋아했는지, 왜 좋아하게 되었는지 모른다. 내가 기억할 수 있는 가장 어린 시절부터 나는 늘 수학을 좋아했으니, 수학의 길로 들어서게 된 특별한 계기가 있지는 않다. 하지만 조금 더 주의를 기울여서 기억을 더듬어보면, 갑자기 새로운 아이디어가 생각날 때 그 기분에 한껏 빠져서 지적 환희를 경험했던 몇 가지 기억이 떠오른다. 특히 곱셈이 가진 놀라운 성질을 발견했을 때가 그랬다.

수학에 관한 어마어마한 이야기

그 무렵 나는 아마 아홉 살이나 열 살 정도였을 텐데, 초등학생용 계산기로 이것저것 우연히 두드리다가 '10×0.5=5'라는 신기한 결과를 보게 되었다. 10을 0.5번 곱하면 5가 된다니! 나는 계산기에 맹목적이라고 해도 좋을 만큼 무분별한 신뢰를 가지고 있었는데, 어떻게 이런 결과가 나올 수 있는지 의아했다. 어떻게 숫자를 곱했는데 곱하기 전보다 더 작은 수가 나오는 거지? 곱셈이란 것이 본디 우리가 곱하려고 하는 수의 양이 늘어나는 게 아니란 말인가? 이건 '곱하다'라는 말의 원래 의미와 반대 아닌가? 내 소중한 계산기는 내게 10보다 더 큰 수를 보여줘야 하는 게 아니었을까?

나는 이 문제를 몇 주 동안 곰곰이 여러 번 생각해봤지만, 모든 것이 명료해지기까지는 시간이 제법 걸렸다. 마침내 깨달음을 얻은 날은 곱셈을 기하학적으로 생각했던 순간이었는데, 나도 알지 못하는 사이에 고대 사상가들의 발자국을 따라 걸은 셈이다. 가로가 10, 세로가 0.5인 직사각형을 그려보라. 이 직사각형의 넓이는 한 변의 길이를 1로 하는 정사각형 다섯 개를 합한 것과 같다.

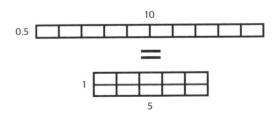

다른 말로 하면 0.5를 곱하는 것은 2로 나누는 것과 같다. 그리고 같은 원칙을 다른 수에도 적용할 수 있다. 0.25를 곱하는 것은 4로 나누는 것이고, 0.1로 곱하는 것은 10으로 나누는 것 등으로 말이다.

이러한 방식의 설명은 받아들일 만하지만, 그 결론에 당혹스러운 구석이 있기는 매한가지다. 바로 '곱셈'이라는 단어가 수학에서나 일상생활에서나 정확하게 같은 것을 의미하지 않는다는 점이 그렇다. 일상생활에서 정원의 절반을 팔고 난 후에 그 넓이가 늘었다고 이야기할 사람이 누가 있겠는가? 재산의 50퍼센트를 잃고 난 후에 자기 재산이 불어났다고 주장할 사람이 어디 있겠는가? 이런 식으로라면 오병이어五餠二魚의 기적은 누구라도 일으킬 수 있을 것이다. '이 떡의 절반을 먹어라'라고 하면 간단히 해결될 일이다.

여러분이 이 사실을 처음으로 알게 됐을 때, 이 문제를 깊이 생각해보면 뇌에 기분 좋은 자극을 줄 수 있다. 좋은 의미로 뇌가 간질간질한 느낌을 주고, 마치 낱말 퍼즐의 단어를 찾아냈을 때처럼 머릿속에서 종이 울리는 기분이 든다. 여하튼 이것은 내가 어린아이였을 때, 호기심으로 가득 찬 발견이 내게 준 효과였다. 이로부터 몇 년이 더 지난 후, 1908년에 나온 『과학과 방법Science et Méthode』지에서 수학자 앙리 푸앵카레Henri Poincaré가 쓴 글을 읽다가 다음의 문장을 발견하자, 수학이 지닌 이런 독특함이 한결 더 뚜렷해졌다. "수학이란 서로 다른 것들에 같은 이름을 붙이는 기술이다."

솔직히 말하면, 이 문장은 아마 어느 용어에 가져다 붙여도 통할 거라는 점을 인정해야 한다. '열매'라는 단어는 사과, 체리, 토마토처럼 서로 다른 것들을 지칭하는 데 사용된다. 그리고 이들 단어 각각은 수많은 다양한 품종을 하나로 묶어서 부르는 데 쓰이며, 우리가 정교한 식물학 분석 작업에 전념하기라도 한다면 이 품종들은 또다시 더 세밀한 범주로 나눌 수 있을 것이다. 그렇지만 푸앵카레는 이런 범주화 과정에서 수학에서 쓰는 언어를 제외한 다른 어떤 언어도 이렇게까지 멀리 가지는 않는다고 지적한다. 수학은 서로 다른 것들을 같은 선상에 놓을 수 있도록 해주는데, 이는 어떤 언어에서도 허용하지 않는 일이다. 수학자에게 곱셈과 나눗셈은 한 가지 같은 연산일 따름이다. 어떤 수를 곱한다는 것은 다른 수로 나누는 것과 동일하다. 모든 것은 우리가 어떤 관점으로 바라볼지에 달려 있다.

0과 음수의 발명 역시 이와 동일한 사고방식에서 나왔다. 0과 음수를 만들어내기 위해서는 언어와는 완전히 반대로 생각해야 한다. 언어가 근본적으로 다르게 다루고 있는 개념들을 같이 묶어야 한다. 인도 학자들이 최초로 이와 같은 방식으로 접근했다.

만약 내가 이미 화성에서 몇 번 걸어본 적이 있다거나, 개인적으로 브라마굽타를 몇 번 만난 적 있다고 말한다면, 여러분은 나를 믿을까? 아마도 아닐 것이다. 왜냐하면 우리가 일상생활에서 사용하는 언어에서 내가 이와 같이 말한다면, 이는 실제로 내가 화성에서 걸었고 실제로 브라마굽타를 만났다는 뜻이기 때문이다. 그렇지만 수학에서는 내가 거짓말을 하지 않았다고 이해하려면, 이 몇 번이 0번

일 수도 있다고 생각하기만 하면 된다. 언어는 하나의 사실이 그렇거나, 그렇지 않은 경우에 따라 서로 다른 구조를 사용한다. 다시 말해 '나는 화성을 걸었다'라는 긍정문이나 '나는 화성을 걷지 않았다'라는 부정문처럼 서로 다른 형식을 사용한다. 수학은 이 문장들을 하나의 동일한 형식으로 묶기 위해 이 같은 차이점을 지울 것이다. '나는 화성을 몇 번 걸었다', 여기에서 '몇'은 0일 수도 있다.

몇 세기 전에 이미 그리스인들이 1을 수로 받아들이는 데 어려움을 겪었던 일을 떠올리면, '수'라는 단어의 속성이 부재不在를 의미한다는 생각이 얼마나 혁신적인지 생각해보라. 인도인들 이전에도 일부 민족 중에서 이러한 착상을 한 사람들도 있었지만, 그것을 끝까지 완수하는 법은 아무도 알지 못했다. 기원전 3세기에 메소포타미아인들이 최초로 숫자 0을 발명했다. 그 이전에 메소포타미아 수 체계에서는 25와 250을 똑같은 방식으로 썼다. 그러다가 0 덕분에 빈자리를 가리킬 수 있게 되면서 착오가 사라졌다. 하지만 바빌로니아인들은 사물의 완전한 부재를 가리키기 위해 단독으로 쓸 수 있는 수로서 0은 결코 받아들이지 않았다.

지구 다른 편에 살던 마야인들도 마찬가지로 0을 고안했다. 이들은 심지어 0을 두 개 만들었다! 첫번째는 바빌로니아인들이 사용했던 0과 마찬가지로 이십진법에 기초한 마야의 수 체계에서 빈자리를 표시하기 위한 용도로만 사용했다. 반대로 두번째는 완전히 수처럼 쓰였지만, 역법과 관련해서만 사용되었다. 마야력에서 한 달은 20일로 구성되어 있었고, 0일부터 19일까지 숫자를 매겼다. 이때 0이 단독으로 사용되지만, 그 쓰임새는 수학적이지 않다. 마야인들은 사칙연산을 할 때에는 0을 전혀 사용하지 않았다.

따라서 브라마굽타야말로 0이 하나의 수로서 어떤 성질을 가지고 있는지 설명하고 0을 완전하게 기술한 최초의 학자다. 어떤 수든지 그 수에서 같은 수를 빼면 0이 된다. 어떤 수에 0을 더하거나 빼면 그 수는 변하지 않는다. 이러한 0의 연산법칙이 지금은 당연해 보이지만, 브라마굽타가 이같이 명확하게 0에 대해 서술함으로써 0이 다른 수와 마찬가지로 수로서 지위를 가지고 수 체계 안에 들어왔음을 보여주었다.

0은 음수로 향하는 문을 연다. 그렇지만 수학자들이 0과 음수를 완전히 받아들이기까지는 더 긴 시간이 걸린다.

중국의 학자들은 최초로 음수와 유사한 양量 개념에 대해 서술했다. 『구장산술』에서 유휘는 양수와 음수를 나타내기 위해 색깔이 칠해진 막대기 설명법을 기록한다. 검은 막대기는 양수를 나타내고, 빨간 막대기는 음수를 나타낸다. 그는 서로 다른 두 종류의 수들이 어떻게 상호작용하는지, 특히 어떻게 더하고 빼는지를 상세하게 설명한다.

유휘의 기록은 이미 매우 완전하지만, 딱 한 가지 넘어야 할 산이 있다. 유휘는 양수와 음수를 상호작용할 수 있는, 다시 말해 구별되는 두 개의 범주가 아니라 하나의 동일한 집합이라고 생각하지 못했다. 물론 우리가 계산할 때 양수와 음수가 항상 같은 속성을 보이지는 않지만, 양수와 음수는 무엇보다 서로를 연결할 수 있는 수많은 공통점을 가지고 있다. 양수와 음수를 홀수와 짝수에 비교해볼 수 있을 텐데, 홀수와 짝수는 서로 다른 속성을 지닌 두 개의 구분되는 집합이지만, 수라는 커다란 동일 계열로 묶인다.

0과 마찬가지로, 이러한 통합을 최초로 구현한 이들도 인도 학자들이다. 그리고 브라마굽타가 『브라마스푸타싯단타』에서 이에 대한 완전한 연구를 기록했다. 유휘의 발자취를 따라, 브라마굽타는 0과 음수를 포함한 사칙연산 법칙의 전체 목록을 작성한다. 그중에서도 $(-3)+(-5)=-8$처럼 두 음수의 합은 음수라는 사실, $(-3)\times8=-24$처럼 음수 곱하기 양수는 음수라는 사실, $(-3)\times(-8)=24$처럼 두 음수의 곱은 양수라는 사실을 우리에게 알려준다. 마지막 설명은 우리의 직관과 반대되는 것처럼 보이고, 가장 받아들이기 어려운 설명 중 하나일 것이다. 오늘날에도 여전히 전 세계 초등학생들이 믿지 않는, 잘 알려진 함정이 바로 이것이다.

• 음수 곱하기 음수는 왜 양수일까? •

브라마굽타가 부호의 곱셈에 관한 법칙을 서술한 이후 몇 세기가 지나서도 특히 '음수×음수=양수'에 대한 의심과

의문은 여전했다.

학교에서 부호 곱셈 법칙을 가르치기 시작하면서부터 이 질문은 수학계를 넘어서서 수많은 사람들이 이해하지 못하는 결과를 낳았다. 19세기 프랑스 작가 스탕달마저 자전적 소설 『앙리 브륄라르의 인생』에서 음수의 곱셈 법칙을 이해할 수 없다고 토로했다. 『적과 흑』 『파르마 수도원』 등을 쓴 스탕달은 이 소설에서 다음과 같이 썼다.

> 내가 아는 바에 따르면 수학에서 허위는 불가능했다. 그리고 순진했던 어린 시절, 사람들이 내게 수학이 적용된다고 말해줬던 다른 모든 과학 분야에서도 마찬가지라고 생각했다. 그런 나에게 왜 '음수에 음수를 곱하면 양수($-\times-=+$)'가 되는지를 아무도 설명해줄 수 없다는 것을 깨달았을 때 내 심정이 어떠했겠는가? (이는 우리가 '대수학'이라고 부르는 분야에서 기초 중에 기초다.)
>
> (이 명제는 참이라는 결론에 도달하기 때문에 아마도 설명이 가능한 명제일 텐데) 왜 음수 곱하기 음수가 양수가 되는지 설명해주지 않는 것보다 더 나빴던 것은, 명확히 수긍하기 힘든 이유를 들어 설명한 것이었다. …… 이 문제에 대해 이제 나는 나름의 결론을 냈다. '음수 곱하기 음수는 양수'가 참일 수밖에 없는 이유는 이 법칙을 사용해서 계산을 할 때마다 항상 반박의 여지가 없는 정답에 귀결하기 때문이라고.

처음에는 선뜻 이해가 잘 안 되는 부호의 곱셈 법칙도 중국 학자들이 고안해낸 막대기 설명법을 사용해 다시 한번 생각해보면 이해할 수 있다. 막대기가 각각 금전적인 '이익'과 '손실'을 나타낸다고 가정해보자. 예를 들어 검은색 막대기 한 개는 5유로의 이익을 의미하고, 회색 막대기 한 개는 5유로의 손실, 즉 −5유로를 의미한다고 했을 때, 검은색 막대기 열 개와 회색 막대기 다섯 개를 가지고 있다면, 결산 총액은 25유로다.

10×5€=50€   5×(-5€)=-25€

그렇다면 이번에는 좀 더 다양한 경우들을 살펴보자. 검은 막대기 네 개를 추가로 받은 경우, 추가 수입은 20유로가 된다. 즉, 4×5＝20이다. 양수 두 개를 곱한 값은 양수가 되는데 여기까지는 별문제가 없다.

이제 회색 막대기 네 개, 즉 네 개의 빚을 추가로 받는다고 생각해보자. 그러면 추가 손실이 20유로가 된다. 즉, 4×(−5)＝−20이다. 양수에 음수를 곱하면 그 결과는 음수가 된다. 마찬가지 방식으로 누군가 검은 막대기 네 개를 가져

수학에 관한 어마어마한 이야기

갔다고 가정하면, 20유로를 손해 본다. 이를 수식으로 써본다면 $(-4)\times5=-20$이 된다. 이 두 상황을 살펴보면 우리가 누군가에게 빚을 준다는 것은 누군가의 돈을 빼앗는 것과 같은 결과를 가져온다는 것을 알 수 있다. 음수를 더하는 것은 양수를 빼는 것과 같은 말이다.

이번에는 문제의 음수 곱하기 음수의 경우를 생각해보자. 회색 막대기 네 개를 가져가는 경우에는 그 결과가 어떻게 될까? 다시 말해 손실을 빼앗아가면 어떻게 될까? 답은 간단하다. 우리가 가진 총액이 늘어나서 돈을 벌게 된다. 이를 수식으로 표현해보면 $(-4)\times(-5)=20$이 된다. 음수를 빼앗는다는 것은 양수를 더하는 것과 같은 말이다. 즉, 음수 곱하기 음수는 양수다.

곱셈의 등장은 덧셈과 뺄셈의 의미마저 뒤흔든다. 음수에 음수를 곱하는 것은, 0.5를 곱하는 것이 2로 나누는 것과 마찬가지라는 상황과 매우 흡사하다. 왜냐하면 음수를 더한다는 것은 양수를 빼는 것과 같기 때문인데, 이 두 연산과정은 우리가 일상생활에서 쓰는 언어의 의미와 완전히 다르다. 더한다는 것은 보통 '증가하다'라는 단어의 유의어다. 하지만 -3을 더하면 3을 빼는 것과 같은 결과를 낳는다. 예를 들어 $20+(-3)=17$이다. 마찬가지로 -3을 빼면, 3을 더하는 것과 같다. 즉, $20-(-3)=23$이다. 다시 한번 말하지만, 우리는 서로 다른 것들에 같은 이름을 붙이는 중이다. 음수 덕분에 덧셈과 뺄셈은 하나의 연산이 가진 서로 다른 두 얼굴이 된다.

'음수×음수=양수'처럼 언뜻 역설처럼 보이는 단어에서 오는 이러한 혼란은 음수를 도입하는 데 방해 요소가 된다. 브라마굽타 이후로 오랫동안 수많은 학자들이, 엄청나게 실용적이지만 파악하기 힘든 음수에 대해 계속해서 까탈스럽게 굴었다. 몇몇은 음수를 '터무니없는 수'라고 부르고, 최종 연산 값에 음수가 나타나지 않는 조건에서만 중간 과정에서 어쩔 수 없이 음수를 차용했다. 음수가 전적으로 적합성을 인정받고 음수 사용이 최종적으로 도입되기까지는 19세기, 더 나아가서는 20세기까지 기다려야 했다.

711년에 서쪽에서 말과 낙타를 타고 온 군사 2000명이 인더스 강 유역을 기습한다. 이제 막 스무 살이 된 아랍 사령관 무함마드 이븐 카심이 부대를 이끌고 있다. 카심 장군의 군사들이 더 많은 장비를 갖추고 더 잘 훈련받았기에 5000여 명에 달하는 다히르 왕의 군대를 물리치고 신드 지역과 인더스 강 삼각주 지역을 점령한다. 이는 인도 주민들에게 수천 명의 군인들이 참수당하고 대규모 약탈이 일어난 비극적 사건이었다.

하지만 신생 이슬람 국가의 성립은 인도 수학이 퍼져나가는 데 크게 공헌한다. 아랍 학자들은 새로운 발견들을 재빠르게 자신들의 연구에 통합시켜 결과적으로 전 세계적 반향을 일으킨다. 그리고 그 반향은 21세기 수학에까지 지속된다.

8장

—

삼각형의 힘

우리는 762년 메소포타미아 지역으로 되돌아왔다. 바로 여기서 모든 것이 시작되었다. 바빌로니아는 이제 폐허가 된 들판에 불과하지만, 북쪽으로 100여 킬로미터 떨어진 곳에서 말도 안 될 만큼 엄청난 공사가 시작된다. 아바스 왕조의 알만수르 칼리프가 바로 이곳, 티그리스 강 우안에 새로운 수도를 건설하기로 결정한 것이다.

아랍 이슬람 제국은 한 세기 동안 급격하게 그 세를 키웠다. 130년 전인 632년, 34세의 브라마굽타가 막 『브라마스푸타싯단타』의 집필을 마쳤을 때, 무함마드는 메디나에서 사망했다. 그의 뒤를 잇는 칼리프들은 정복 전쟁을 계속 벌였고, 스페인 남부부터 북아프리카와 페르시아, 메소포타미아를 거쳐 인더스 강 유역에 이르기까지 이슬람을 전파했다.

알만수르는 칼리프로서 1000만 제곱킬로미터가 넘는 영토를 지배했다. 현재와 비교해보면 러시아 다음가는 두번째로 큰 나라로, 캐나다와 미국과 중국보다 훨씬 넓은 영토다. 알만수르는 현명한 칼리프였다. 새로운 수도를 건설하기 위해서는 아랍 제국에서 가장 뛰어난 건축가, 수공업자, 예술가 들을 데려와야 했다. 알만수르는 수도 부지를 어디로 하고, 공사를 언제 시작할지를 수하의 지리학자와 천문학자 들이 정하도록 맡긴다.

그가 꿈꾸던 도시가 완성되기까지는 4년이라는 시간과 10만 명이 넘는 인부가 필요했다. 이 도시는 완벽한 원형 도시라는 특징을 가지고 있었다. 8킬로미터에 달하는 이중 성곽으로 둘러싸인 도시에 102개의 성탑을 비롯한 방어 시설을 갖추었고, 동서남북으로 사대문이 지어졌다. 도시 중심부에는 병영, 이슬람 사원, 칼리프의 왕궁 등이 있었는데, 초록색 돔이 딸린 왕궁의 꼭대기는 높이가 50미터에 이르러서, 멀리 20킬로미터 떨어진 곳에서도 잘 보일 정도였다.

이 도시가 처음 지어졌을 때, 그 이름은 '평화의 도시'라는 뜻을 지닌 메디나 아스살람Madīna as-Salām이었다. 또한 '빛의 도시'라는 뜻의 메디나 알안와르Madīna al-Anwār, '세상의 수도'라는 뜻의 아시마 앗둔야Āsima ad-Dunyā 같은 이름으로도 불렸다. 하지만 알만수르가 세운 수도는 다른 이름으로 역사에 그 이름을 남기게 되는데, 그것이 바로 '바그다드'다.

바그다드의 인구는 빠른 속도로 늘어나 수십만 명이 넘었다. 바그다드는 세계 무역의 중심지로서, 전 세계에서 온 상인들로 거리가 북적거렸다. 비단, 금, 상아 등이 진열대에 가득했고, 온 도시에 향료와 향신료 냄새가 진동했으며, 멀리 떨어진 지역의 이야기에서도 바그다드가 등장했다. 『천일야화』, 술탄과 왕실 대신과 공주 이야기, 그리고 하늘을 나는 양탄자, 요정 지니, 마법 램프 등을 다룬 각종 설화가 이 시대를 배경으로 하는 이야기들이다.

알만수르와 그 뒤를 잇는 칼리프들은 바그다드를 문화와 과학 분야에서 제일가는 도시로 만들고자 했다. 그들은 이미 천 년 전 알렉산드리아에서 효과가 입증된 도서관을 미끼로 세계 최고의 학자들을 바그다드로 오게 만들었다. 8세기 말에 하룬 알라시드 칼리프는 그리스인, 메소포타미아인, 이집트인, 인도인이 축적한 지식을 보전하고 계승하겠다는 의지를 불태우며 장서를 구축하기 시작했다.

수많은 책들이 필사되었고 아랍어로 번역되었다. 그 무렵에도 학계에서는 여전히 수많은 그리스 저서들이 유통되고 있었는데, 바그다드 학자들은 그리스 고전을 제일 먼저 받아들였다. 그리하여 몇 년 만에 유클리드『기하학 원론』의 여러 아랍어 판본이 생겨난다. 원의 측정을 다룬 아르키메데스의 개론서, 프톨레마이오스의『알마게스트』, 디오판토스의『산수론*Arithmetica*』등도 번역되었다.

9세기 초에는 수학자 무함마드 알콰리즈미Muhammad al-Khwārizmī가 인도 십진법 체계를 설명한『인도 수학에 의한 계산법』이라는 책을 펴냈다. 알콰리즈미 덕분에 숫자 0을 포함하여 0부터 9까지 숫자

열 개가 아랍권으로 퍼져나갔는데, 이 숫자들은 거기서부터 결정적으로 전 세계로 확산되었다. 숫자 0은 아랍어로 '공空'은 뜻하는 '시프르zifr'라고 한다. 이 단어는 유럽으로 건너가면서 뜻이 둘로 나뉜다. 한편으로는 이탈리아어로 '체피로zefiro'로 불리며 우리가 지금 사용하는 숫자 '0(zero, 제로)'이라는 뜻을 지니게 되며, 다른 한편으로는 라틴어 '치프라cifra'가 되어 나중에 프랑스어로 '숫자(chiffre, 시프르)'라는 뜻을 갖게 되었다. 유럽인들은 이 열 개 숫자가 인도에서 비롯되었다는 사실을 잊은 채 '아라비아 숫자'라고 부른다.

809년에 하룬 알라시드가 사망하자 그의 아들 알아민이 왕좌를 계승했다. 알아민의 통치 기간은 그리 길지 않았고, 813년에 그의 동생 알마문이 즉위했다.

한 설화에 따르면, 어느 날 밤 알마문의 꿈에 아리스토텔레스가 찾아왔다고 한다. 이 꿈속의 만남이 알마문에게 깊은 인상을 남겨서, 그에게 과학 연구에 새로운 활력을 불어넣고 계속해서 바그다드에 더 많은 학자들을 데려와야겠다고 결심하게 만든다. 그리하여 832년에 과학 지식을 보전하고 발전시키기 위해 바그다드 도서관이 문을 연다. 도서관의 이름은 '지혜의 집'이라는 뜻의 '바이트 알히크마Bayt al-Hikma'로, 놀라우리만큼 알렉산드리아의 무세이온을 떠올리게 한다.

알마문은 도서관의 발전에 깊이 개입했다. 그는 직접 비잔틴 제국

수학에 관한 어마어마한 이야기

등 주변 강국들에 희귀 서적을 바그다드로 보내 필사하고 번역할 수 있게 해달라고 요청했다. 학자들에게는 왕국 내 모든 영토에 서적이 보급될 수 있도록 하라고 지시했다. 나아가 바이트 알히크마 도서관에서 최소한 일주일에 한 번씩 열리는 과학·철학 토론회에 가끔씩 직접 참석하기도 했다.

몇 세기가 지나고, 바그다드 도서관과 유사한 기관들이 아랍 제국 전체에 퍼져나간다. 수많은 다른 도시들이 차례대로 학자들을 데려오기 위한 목적으로 만들어진 기관과 도서관을 마련했다. 그중에서 가장 영향력 있고 활발한 활동이 이루어진 곳으로는 10세기에 지어진 안달루시아의 코르도바 도서관, 그리고 14세기에 지금의 모로코에 지어진 페스 도서관을 꼽을 만하다.

이러한 과학의 지방분권화는 오늘날의 카자흐스탄에 있던 옛 도시 탈라스에서 751년에 벌어진 전투 도중에 거의 우연히 찾아낸 중국산 발명품인 종이 덕분에 가능했다. 종이가 생기자 필사 작업과 책의 운반이 편리해졌다. 이때부터는 수학, 천문학, 지리학 같은 최신 학문 지식을 접하기 위해 바그다드에 가야 할 필요가 없어졌다. 아랍 제국 어디에서나 위대한 과학 연구를 수행하고 혁신적인 저서를 집필할 수 있었다.

• 알람브라 궁전의 타일 •

바이트 알히크마에서 위대한 학자들이 수학의 역사를 써나가는 동안, 아랍 제국 도시들과 바그다드 길거리에서는 또 다른 역사가 이어진다. 이슬람 제국은 사원이나 그 밖의 종교적 장소에서 인간이나 동물을 구체적인 형상으로 표현하는 것을 원칙적으로 금지한다. 따라서 이 금지령을 어기지 않으려고 이슬람 예술가들은 기하학 문양 장식을 제작하는 데 굉장히 놀라운 창의력을 발휘한다.

농경 생활을 막 시작했을 때 항아리를 장식하려고 문양을 고안했던 최초의 메소포타미아 예술가들을 떠올려보라. 이들은 자신도 모르는 사이에 생각해낼 수 있는 프리즈 일곱 가지 유형을 찾아냈다. 프리즈가 한 방향으로 반복해서 진행되는 문양이라면, 이번에는 표면 전체를 덮기 위해 가로세로 양 방향으로 진행되는 문양을 생각해볼 수 있다. 이것이 우리가 '타일'이라고 부르는 것이다. 바그다드의 거리와 아랍 제국의 도시 들은 차츰 이슬람 예술 특유의 표식標式인 빛나는 기하학 문양으로 채워진다.

어떤 타일들은 상당히 단순하다.

수학에 관한 어마어마한 이야기

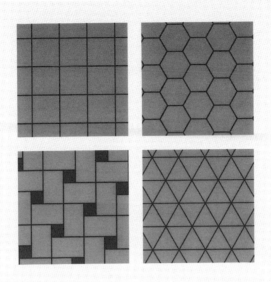

또 다른 타일들은 더 복잡하다.

시간이 조금 더 흐른 후, 기하학적 변형에 따라 타일 문양을 분류했을 때 딱 열일곱 가지 문양이 존재한다는 사실을 수학자들이 밝혀낸다. 열일곱 가지 유형이 개별 문양들은 무한대로 수많은 변형을 만들어낼 수 있다. 아랍 예술가들은 이 정리를 알지는 못했지만 열일곱 가지 타일 문양을 발견해냈고, 그것들을 건축, 예술품 장식, 생활용품 장식 등에 훌륭하게 응용했다.

스페인 안달루시아 지방 그라나다에 있는 알람브라 궁전은 중세 이슬람 예술의 정수를 매우 잘 보여주는 건축물이다. 매년 200만 명이 넘는 관광객들이 이 궁전을 찾는다. 그들 중 대다수는 알람브라 궁전의 명성이 특히 수학자들에게 자자하다는 사실을 알지 못한다. 실제로 궁전 내부의 방과 정원을 따라 걷다보면 열일곱 가지 유형의 타일이 도처에 퍼져 있고 어떤 것들은 숨겨져 있음을 알 수 있다.
그러니까 언젠가 그라나다를 방문한다면 해야 할 일이 무엇인지 잘 알 것이라 믿는다.

바그다드에 조금 더 머무르자. 그리고 바이트 알히크마의 문을 살짝 밀고 들어가 무슨 일이 일어나고 있는지 살펴보자. 아랍 수학자들은 우리를 위해 어떤 새로운 수학을 준비하고 있을까? 이제 막 필

수학에 관한 어마어마한 이야기

사되어 도서관 서가를 가득 채운 이 책들은 무엇에 대한 이야기를 담고 있을까?

이 시기에 가장 많이 발전한 분야 중 하나는 삼각법, 즉 삼각형 측정에 관한 연구다. 언뜻 생각하면 이 사실이 실망스러울지도 모른다. 이미 고대인들이 삼각형을 연구했고, 피타고라스의 정리가 그에 대한 증거이니 말이다. 그렇지만 아랍인들은 이 연구를 정확도가 뛰어난 학문 수준으로 발전시켰으며, 삼각법에서 나온 성과는 현재까지도 무수히 응용되고 있다.

우리가 생각하는 것과 달리 삼각형은 언제나 쉽게 이해할 수 있는 것이 아니며, 고대 말에도 여전히 더 명확히 해야 할 지점이 수도 없이 남아 있었다. 삼각형을 잘 이해하려면 특히 삼각형에 관한 여섯 가지 정보, 즉 세 변의 길이와 세 각의 각도가 필요하다.

실제로 삼각법을 활용하고 싶다면 두 점 사이의 거리를 직접 측정하는 것보다 두 방향 사이의 끼인 각을 측정하는 편이 대체로 훨씬 더 간단하다. 이 점은 천문학 분야에서 가장 잘 확인할 수 있다. 밤하늘에 보이는, 서로 떨어져 있는 별들 사이의 거리가 얼마인지를 알아내는 것은 몇 세기를 더 기다려야 할 만큼 무척이나 어려운 문제였다. 반면에 이들 별 사이의 각도, 혹은 별과 지평선 사이의 각도를 재는 일은 훨씬 더 간단하다. 섹스탄트sextant(육분의)의 조상 격인 옥탄트octant(팔분의)만 있으면 된다. 이와 같은 방법으로 지도를 만들고자 하는 지리학자는 세 개 산의 꼭대기들을 잇는 삼각형의 각도를 손쉽게 잴 수 있을 것이다. 삼각형 각도를 재는 데는 조준 장치를 갖춘 각도기인 앨리데이드_alidade(조준의)만 있으면 다른 것은 전혀 필요 없다. 그리고 천체를 측정할 때는, 나침반 하나만 있으면 북극과 측성하려고 하는 방향 사이의 각도를 구할 수 있을 것이다. 반면 세 개 산 사이의 거리를 측정하려면 무거운 장비를 둘러메고 산을 올라가야 하며, 훨씬 더 복잡한 계산이 필요하다. 알렉산드로스 대왕과 수하의 베마티스트들은 이 말에 반박할 수 없을 것이다.

따라서 이제 가능한 한 가장 짧은 거리를 측정하면서 삼각형 관련 정보를 모두 알아내기 위해서는 어떻게 해야 하는지가 관건이다. 이 질문을 제기하면서 삼각법을 연구한 학자들은 약 천 년 전 아르키메데스가 원을 측정하면서 겪었던 바와 유사한 문제에 부딪힐 것이다. 우선 만약 여러분이 삼각형의 세 각을 전부 알지만 변의 길이는 전혀 모르는 경우, 여러분은 이 정보들을 가지고 삼각형의 모양을 추론할 수 있지만 그 크기를 알아낼 수는 없다. 다음의 그림을 보면 각각의 삼각형에서 세 각의 크기는 전부 같지만 세 변의 길이가 모두 다름을 알 수 있다.

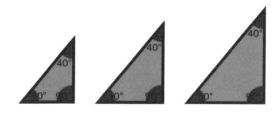

수학에 관한 어마어마한 이야기

하지만 이 세 삼각형 모두 각 변의 길이의 비가 같다. 예를 들어 가장 긴 변의 길이에 얼마를 곱해야 가장 작은 변의 길이를 구할 수 있는가 하는 질문에 대한 답은 세 삼각형 모두가 동일하다. 바로 0.64를 곱하면 된다! 원의 둘레를 구하려면 원의 크기와 상관없이 해당 원의 지름에 π를 곱하면 되는 것과 비슷한 방식이다.

사실 여기서 0.64는 정확한 수치는 아니고 근삿값에 불과하다. π와 마찬가지로 이 두 변 길이의 비는 정확하게 계산할 수 없으니 우리는 근삿값에 만족해야 할 것이다. 조금 더 정확한 값으로 0.642나 0.64278을 쓸 수도 있지만, 이 수들도 마찬가지로 완벽하지 않다. 십진법으로 이 수를 쓰면 소수점 이하는 무한대가 된다. 이 세 삼각형에서 다른 변들 사이의 비도 마찬가지다. 그래서 가장 긴 변과 중간 변의 비는 약 0.766, 가장 짧은 변과 중간 변의 비는 약 1.192가 된다.

이 세 가지 삼각비에 정확한 값을 부여하는 것이 불가능하자, 수학자들은 관련 연구를 좀 더 잘 수행하기 위해 여기에 이름을 붙였

다. 시대와 장소에 따라 여러 이름이 사용되었지만, 현재는 이들을 각각 '코사인' '사인' '탄젠트'로 부른다. 이들을 지칭하는 다양한 이름들이 만들어지고 사용되다가 이내 기억 속에서 사라졌다. 이집트인들이 피라미드의 경사를 재기 위해 사용했던 세케드가 그중 하나다. 그리스인들이 고안한 이등변삼각형의 비에 해당하는 줄도 마찬가지다.

그러나 삼각비는 새로운 문제를 낳는다. 삼각비는 삼각형의 종류에 따라 다양하다. 예를 들어 앞의 삼각비 0.642, 0.766, 1.192는 삼각형의 세 각이 40도, 50도, 90도일 때만 유효하다. 하지만 세 각이 각각 20도, 70도, 90도인 직각삼각형에서 코사인, 사인, 탄젠트는 각각 약 0.342, 0.940, 2.747이 될 것이다. 따라서 삼각법을 연구하는 수학자들이 해야 할 일은 생각보다 훨씬 방대하다. 단지 수 하나, 아니 수 세 개를 찾는 문제가 아니라, 계산해야 할 각도의 모든 경우의 수에 따라 달라지는 도표 전체를 완성해야 한다!

다음 쪽에 직각삼각형의 한 각이 10도부터 80도까지 바뀔 때, 각각의 경우에 따른 삼각비 값을 적은 표가 있다. 이 표를 보면 모든 삼각형에서 딱 한 각만 표시했음을 알 수 있다. 사실 나머지 두 각이 몇 도인지는 별 어려움 없이 쉽게 알아낼 수 있어서 써넣을 필요가 없다. 직각은 항상 90도이고, 삼각형 내각의 합은 항상 180도라는 정리에 따라 우리는 나머지 한 각이 얼마인지 알아낼 수 있다. 사실 삼각형을 그릴 필요조차 없이 한 각이 얼마인지만 주어지면 나머지는 다 해결된다. 이것이 바로 삼각비 표의 왼쪽 첫번째 열에 한 각의 정보만 있는 이유다. 따라서 우리는 이제부터 10도의 코사인 값은 0.9848, 50도의 탄젠트 값은 1.1918이라고 말할 것이다.

삼각형	코사인	사인	탄젠트
10°	0.9848	0.1736	0.1763
20°	0.9397	0.3420	0.3640
30°	0.8660	0.5	0.5774
40°	0.7660	0.6428	0.8391
50°	0.6428	0.7660	1.1918
60°	0.5	0.8660	1.7321
70°	0.3420	0.9397	2.7475
80°	0.1736	0.9848	5.6713

물론 어떠한 삼각비 표도 절대로 완벽하지 않다. 더 정확한 삼각비의 근삿값을 찾거나, 가능한 삼각형의 수를 더 많이 그려넣는 식으로 삼각비 표를 계속해서 조금 더 정밀하게 작성할 수 있을 뿐이다. 앞의 표에서는 삼각형의 한 각이 10도씩 커지는데, 1도씩, 더 나아가서는 0.1도씩 커지는 사례들을 표로 그릴 수 있다면 좋을 것이다. 그렇지만 더 정교한 삼각비 표를 작성하는 일은 후대 수학자들이 뒤이어 전념할 일이다. 수학자들이 마침내 이 작업에서 벗어나려면 20세기 전자계산기의 발명을 기다려야 한다.

삼각비 표를 최초로 작성한 이들은 아마도 그리스인일 것이다. 우리가 가진 문헌 중에 가장 오래된 삼각비 표는 프톨레마이오스의 『알마게스트』에 나오는데, 기원전 2세기 수학자인 니케아의 히파르코스Hipparchos가 이를 차용했을 것이다. 기원후 5세기 말, 인도 학자 아리아바타도 삼각비 표를 작성했다. 중세 시대에는 11세기 페르시아 학자 오마르 하이얌Omar Khayyam, 14세기 학자 알카시al-Kashi가 가장 유명한 삼각비 표를 작성한다.

아랍 학자들은 더 정확한 삼각비 표 작성에 기여했을 뿐 아니라 그 표를 가지고 이룬 업적에서 매우 중요한 역할을 수행했다. 아랍 학자들은 이 데이터들을 마술처럼 부리는 재주가 최고였고, 가장 효율적으로 활용할 줄도 알았다.

바로 앞에서 언급한 알카시는 1427년에 『미프타 알히잡*Miftah al-*

hisab』 또는 『산술의 열쇠』라고 불리는 저서를 펴냈는데, 이 책에서 피타고라스의 정리를 일반화하는 결과를 도출해냈다. 알카시는 코사인을 능숙하게 사용하여 직각삼각형뿐만 아니라 모든 삼각형에 완벽하게 적용할 수 있는 정리를 만들어내는 데 성공한다. 알카시의 정리는 피타고라스의 정리를 약간 수정한 내용이다. 즉 직각삼각형이 아니면 삼각형 두 변의 제곱의 합이 나머지 변의 제곱 값과 같지 않다. 하지만 첫째 변과 둘째 변의 코사인 값을 가지고 바로 계산할 수 있는 수정된 항을 하나 추가하면, 등호가 성립한다.

알카시가 이 정리를 발표했을 때 수학계에서는 그를 모르는 사람이 없었다. 알카시는 이미 3년 전 π의 근삿값을 소수점 아래 열여섯 자리까지 알아내 유명인사가 되었다. 그것이 당시에는 세계 신기록이었다! 기록이란 본래 깨지라고 있는 것이지만,* 반대로 정리는 변하지 않는다. 알카시의 정리는 오늘날에도 가장 자주 사용하는 삼각비 중 하나다.

지금 여기는 6월의 파리 좌안이다. 나는 조금 특별한 여행 가이드로 변신했다. 나는 스무 명 남짓으로 구성된 그룹을 이끌고 수학의 발자취와 역사를 따라 라탱 지구 거리들을 지나갈 것이다. 우리가 그다음에 들를 곳은 위대한 탐험가들의 정원이다. 그곳에서 북쪽으

---

* 네덜란드 수학자 뤼돌프 판 쇨런Ludolph Van Ceulen이 170년 후에 소수점 이하 35자리까지 계산해냈다.

로는 뤽상부르 공원에 자리한 상원 의회까지 양쪽 대칭으로 산책로가 나란히 줄지어 있다. 남쪽으로는 파리 천문대의 돔 그림자가 파리 시내의 지붕들 위로 둥그렇게 걸쳐져 있다.

뤽상부르 공원 한가운데 길을 따라 걷노라면 외줄타기 곡예를 하는 것처럼 정확히 파리 자오선을 밟으며 걷게 된다. 왼쪽으로 한 발짝 벗어나면 우리는 지구의 동반구에 있다. 다시 오른쪽으로 두 발짝을 걸으면 서반구로 옮겨간다. 여기에서 500미터를 더 가면, 자오선은 파리 천문대의 한가운데를 통과해 14구의 중심을 똑바로 지난후 파리를 벗어나서 몽수리 공원에 이른다. 자오선은 계속해서 프랑스 시골 마을들을 통과해 스페인을 지나 아프리카 대륙과 남극해를 향해 돌진해, 마침내 남극이라는 결승점에 닿는다. 반대쪽으로는 몽마르트르 언덕의 길들을 통과해 영국 섬들 근처에서 노르웨이를 지나 북극에 도달한다.

자오선을 정확하게 계측하기란 쉬운 일이 아니었다. 광활한 넓이를 대상으로 조사를 정확하게 수행해야 했다. 예를 들어 두 지점 사이의 거리를 측정하는데, 한쪽은 산 이편에 있고 다른 한쪽은 산 저편에 있을 때 산을 넘지 않고 어떻게 거리를 측정할 수 있을까? 이 질문에 답하기 위해, 18세기 초 학자들은 프랑스 북부에서 남부를 잇는 가상의 삼각형이 연속해서 이어지는 자오선을 연구했다.

삼각측량의 기준점들은 언덕, 산, 종탑 등 높은 장소들이었는데, 이렇게 높은 장소여야 다른 지점 간의 각도를 잴 수 있기 때문이다.

수학에 관한 어마어마한 이야기

일단 실측이 이루어지면, 그때부터는 아랍인들이 삼각측량 기준점들의 정확한 위치를 구하기 위해 고안한 삼각법 계산 과정을 여러 번 반복해서 자오선의 정확한 위치를 구할 수 있다.

최초로 이 과제에 전념한 사람들은 카시니Cassini 일가일 것이다. 카시니 가는 진정한 과학자 집안이어서 마치 왕족에게 그러듯이 번호를 매겨서 부를 정도다. 보통 카시니 1세라고 부르는 조반니 도메니코Giovanni Domenico는 사실 이탈리아 출신으로, 1671년 파리 천문대 개관 당시 최초의 천문대 소장이었다. 1712년 카시니 1세 사망 이후 카시니 2세로 불리는 그의 아들 자크Jacques가 그 자리를 물려받았다. 바로 이들이 최초로 자오선 삼각측량법을 고안해냈고, 1718년에 이를 완수했다. 그 후로 카시니 2세의 아들인 세자르-프랑수아César-François, 즉 카시니 3세가 아버지와 할아버지가 만든 자오선 삼각측량법을 프랑스 영토 내에서 최초로 완전한 삼각측량법의 기준이 되게 만들었다. 그 결과 1744년에 엄밀한 과학적 절차를 거쳐 만들어진 최초의 프랑스 지도가 발간됐다. 장-도미니크Jean-Dominique라는 그의 아들 카시니 4세가 과업을 물려받아, 지역 단위에서 좀 더 정교한 삼각측량법 측정을 이어나갔다.

자오선 위를 따라 걷는 동안 우리는 은연중에 삼각측량법의 이론적 근간을 세운 아랍 학자들의 발자국도 따라 걸었다. 지도에 표시된 삼각형은 모두 코사인, 사인, 탄젠트를 사용해야 했다. 이 삼각형

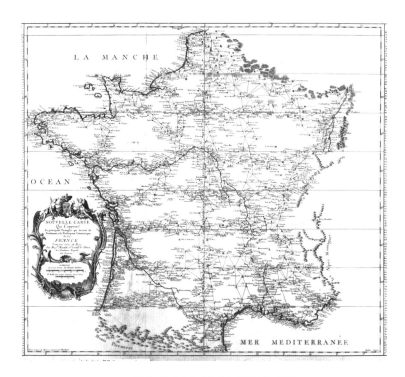

파리 자오선 및 카시니 가의 주요 삼각형이 표시된
1744년판 프랑스 지도

들은 알카시와 바그다드 최초의 삼각법 학자들의 유산이다. 이 모든 계산을 손으로 직접 써내려가기 위해 천문대의 학자들은 무수한 시간을 삼각비 표와 씨름하며 보내야 했을 것이다.

삼각측량법은 20세기 말 인공위성이 출현하기까지 계속해서 사용되었다. 매우 정밀하게 작성하기 위해 기준점을 8만 개 동원해서 측정하기도 했다. 이 지점들을 표시하는 경계석이나 표지판 등이 프랑스 내에 거의 전국적으로 퍼져 있어서 오늘날에도 찾아볼 수 있

수학에 관한 어마어마한 이야기

다. 예를 들면 파리에서는 자오선 기준점을 표시하는 지표 두 개를 찾아볼 수 있는데, 하나는 몽수리 공원 남쪽에 있고 나머지 하나는 몽마르트르 언덕 북쪽에 있다. 1994년에 천문학자 프랑수아 아라고 François Arago의 이름을 새긴 135개의 원형 동판銅板을 파리 내의 자오선 경로를 따라 바닥에 설치했다. 루브르 박물관 안에도 그중 하나가 있다. 다음에 여러분이 파리 시내를 산책할 때 눈을 크게 뜨고 찾아보면 분명히 그중 몇 개는 마주칠 수 있을 것이다.

미터법은 프랑스 대혁명 때 도입되었는데, '1미터'라는 기준에 보편성을 부여하기 위해 자오선을 근거로 삼아 책정했다. 1미터는 정확히 전체 자오선 길이의 4분의 1[북극점에서 적도까지의 거리—옮긴이], 다시 그것의 1000만 분의 1로 정해졌다. 1796년에 모든 사람이 참고할 수 있도록 대리석에 눈금을 새긴 길이 16미터의 기준 자를 파리 곳곳에 설치했다. 그중 두 개가 지금까지 남아 있는데, 하나는 뤽상부르 공원 맞은편 보지라르 가에, 다른 하나는 방돔 광장의 법무부 입구 앞에 있다.

파리 자오선은 1884년에 워싱턴에서 국제회의가 열릴 때까지 국제 표준이었다. 그런데 파리 자오선이 영국 왕립 천문대를 지나는 그리니치 자오선으로 대체되었다. 영국인들은 자오선 표준을 바꾸는 대신에 미터법을 도입하기로 약속했었다. 지금까지도 우리는 이 약속이 지켜지기를 기다리고 있다.

컴퓨터공학과 인공위성의 발명으로 삼각비 표와 토지 삼각측량법은 무용지물이 되었다. 그렇지만 삼각법은 사라지지 않았다. 삼각법은 컴퓨터 처리 장치(프로세서)의 중심에 자리 잡고 있다. 삼각형들은 숨겨져 있지만, 항상 그곳에 있다.

자, 옵세르바투아르(천문대) 대로를 달리는 자동차들을 한번 바라보라. 그중 많은 자동차가 이제는 GPS 시스템을 장착하고 있다. 우주에서 자동차를 추적하고 있는 네 대의 위성으로부터 자동차의 위치 정보를 받아서 매 순간 어떤 경로로 가야 하는지를 알려준다. 그 결과로 얻어지는 방정식의 해답을 위해서는 아직도 삼각법의 도움을 받아야 한다. '좌회전 하십시오'라고 차분하게 안내해주는 목소리가 들리는 바로 그 순간에도, 몇 번의 사인과 코사인 계산을 거쳐서 안내 음성이 나온다는 것을 운전자들이 알고 있을까?
그리고 여러분들이 좋아하는 추리소설 속에서 범인이 전화한 위치가 삼각측량법을 통해 파악되었다고 수사관이 발표하는 장면을 본 적 있는가? 이런 종류의 위치 파악은 휴대전화가 사용된 지점에서 가장 가까운 기지국 세 대의 거리에 따라 결정된다. 기하학 문제는 컴퓨터가 빛의 속도로 수행하는 몇몇 삼각법 공식 덕분에 별다른 어려움 없이 해결된다.

삼각법은 현실 세계를 측정하는 데 그치지 않고, 가상세계를 구축하는 데에도 개입할 것이다. 삼각법은 3D 애니메이션 영화와 게

임에서 무수히 많이 사용된다. 그래픽 디자인으로 덮여 있는 구조를 이루는 3D 형태를 살펴보면, 신기하게도 카시니 가의 삼각측량법을 연상시키는 기하학 그물망으로 구성되어 있다. 바로 이 그물망을 변형시켜서 사물과 인물에 생명력을 불어넣는다. 1975년에 제작된 최초의 컴퓨터 모델링 사물 중 하나인 유타Utah 주전자와 같이 가장 작은 합성 이미지를 계산하는 데도 삼각측량법 공식을 굉장히 여러 번 적용해야 한다.

9장

—

미지수를 향하여

바그다드로 돌아오자. 바이트 알히크마를 드나들던 학자들 중 특히 한 명이 그 시대에 족적을 남기는데, 그가 바로 무함마드 이븐 알콰리즈미다.

알콰리즈미는 780년대에 태어난 페르시아 수학자다. 그의 가족은 오늘날의 이란, 우즈베키스탄, 투르크메니스탄까지 걸친 지역인 화리즘Khwarizm 출신이다. 알콰리즈미가 화리즘 지역에서 태어났는지 아니면 그의 부모님이 바그다드로 이주한 이후에 출생했는지 정확히 알 수는 없지만, 9세기 초에 젊은 알콰리즈미가 바그다드에 있었던 것은 사실이다. 그는 바이트 알히크마를 통합하여 당대 최고의 명성을 자랑하는 곳으로 만들어갈 과학자 중 한 명이 된다.

알콰리즈미는 바그다드에서 특히 천문학자로 유명했다. 그는 그리스와 인도의 고전 지식들을 계승한 이론서 및 해시계 사용법, 천문관측의 제작 등을 다룬 실용서 여러 권을 저술했다. 그뿐만 아니라 전문 지식을 활용해 세계 주요 지역들을 위도와 경도에 따라 분류한 지리학 목록을 작성했다. 프톨레마이오스에게 영감을 받아서 기준이 되는 자오선을 자신이 직접 만들었지만 정확하지는 않았다. 알콰리즈미의 자오선은 '축복받은 사람들의 섬'을 지나가는데, 고대 그리스 신화에 등장하는 이 섬은 세상의 서쪽 끝에 자리잡고 있다고 여겨졌다. 오늘날의 카나리아 제도가 해당할 것이다.

알콰리즈미는 유명한 『인도 수학에 의한 계산법』을 집필한 바로 그 인물로, 이 책에서 그는 십진법의 위치기수법을 온 세상에 알렸다. 이 책은 수학계의 판테온에 입성시킬 만하다. 하지만 혁신적인 내용을 담은 또 다른 책이 결정적으로 알콰리즈미가 위대한 수학자들의 역사에서 아르키메데스나 브라마굽타 급임을 알려준다.

그것은 바로 알마문 칼리파가 직접 알콰리즈미에게 집필을 지시한 책이다. 알마문은 백성들 모두가 각자 일상생활에서 발생하는 문제를 해결할 수 있도록 유용한 수학 교과서가 필요하다고 생각했다. 알콰리즈미에게 이 교재를 작성하는 일이 맡겨지자, 그는 고전적인 수학 문제 목록과 함께 해법이 실린 교재를 집필하기 시작했다. 이 책에는 여러 문제들 가운데서도 특히 토지 측정, 상거래, 가족 구성원 사이의 재산 분배 문제 등이 수록되어 있다.

그 책에 실린 수학 문제들은 굉장히 흥미롭지만 새로운 점은 전혀 없다. 그리고 알콰리즈미가 단순히 칼리프의 명을 받드는 데만 그쳤다면 이 책은 아마도 후대까지 전해지지 않았을 것이다 하지만 그는 이 교재의 서문에 순전히 이론적인 내용을 다루는 부분 을 첨부 하기로 결심한다. 서문에서 그는 구체적인 수학 문제들을 실용적 방식으로 풀 수 있는 서로 다른 해결책들을 추상적이고도 구조적인 방식으로 서술한다.

교재 집필이 끝나자, 알콰리즈미는 제목을 『키탑 알무크타사르 피 히쌉 알자브르 와 알무크타발라*Kitāib al-mukhtasar fī ḥistāb al-jabr wa-l-muqtābala*』라고 붙이는데, 이를 해석하면 『복원과 대비의 계산』이다. 시간이 흐른 뒤, 이 책이 라틴어로 번역될 때 아랍어 책 제목이 음성학적으로 차용되어 『복원과 대비에 대한 책*Liber Algebræ et Almucabola*』으로 바뀌었다. 그러다 '대비*Almucabola*'라는 용어는 점차 사라지고, 앞으로 알콰리즈미가 그 문을 열게 될 새로운 학문을 지칭할 단어 하나만이 남는다. 그것은 바로 al-jabr(아랍어), algebræ(라틴어), algèbre(프랑스어), algebra(영어), 즉 대수학이다.

이 책은 알콰리즈미가 집필한 수학 내용뿐만 아니라 그가 문제 해결 방안을 제시하는 형식도 완전히 혁신적이다. 그는 문제 자체와는 별개로 해결 방안을 찾아나가는 과정을 상세히 기술했다. 이와 같은 접근법을 잘 이해하기 위해 다음 세 문제를 함께 살펴보자.

1. 직사각형 모양의 밭이 폭은 5이고 넓이는 30이다. 밭의 세로 길이는 얼마

일까?

2. 한 남성이 서른 살인데, 그의 아들보다 나이가 다섯 배 많다. 아들의 나이
는 몇 살인가?

3. 한 상인이 같은 천 두루마리 다섯 개를 구입하니, 직물이 총 30킬로그램
이다. 개별 두루마리는 몇 킬로그램인가?

세 문제 모두 정답은 6이다. 이 문제들을 풀면서 개별 문제의 주
제가 근본적으로 달라도 그 뒤에 숨겨져 있는 수학은 모두 같다는
사실을 알 수 있다. 세 문제 모두 나눗셈, 즉 $30 \div 5 = 6$이라는 수식으
로 답을 구할 수 있다. 알콰리즈미의 첫번째 접근법은, 이 문제들에
서 순수한 수학 문제를 추출하기 위해 다음과 같이 상황적 요소를
제거하는 데서 시작한다.

5를 곱하면 30이 되는 수를 찾는다.

이 문장에서 수 5와 30이 의미하는 바는 중요하지 않다. 지리적
공간이나 나이, 직물 두루마리, 그 밖의 다른 어떤 것이라 해도 상관
없다. 우리가 정답을 찾아가는 과정에서 아무것도 달라지지 않는다.
대수학의 목표는 이와 같이 순수하게 수학적인 수수께끼를 풀게 해
주는 방법을 제시하는 것이다. 이런 수수께끼들은 몇 세기 후에 유
럽에서 '방정식'이라는 이름을 갖게 된다.

알콰리즈미는 방정식 연구를 좀 더 진전시켰다. 나아가, 그는 문

제에서 주어진 수가 얼마인지와 상관없이 문제를 푸는 방식이 다르지 않음을 확인한다. 다음의 세 방정식을 살펴보자.

5를 곱하면 30이 되는 수를 찾는다.

2를 곱하면 16이 되는 수를 찾는다.

3을 곱하면 60이 되는 수를 찾는다.

위의 세 방정식 중 하나만으로도 서로 다른 구체적인 문제 여러 개를 만들 수 있다. 하지만 이번에도 마찬가지로 우리는 답을 찾는 과정이 같은 방식으로 진행되리라는 사실을 알고 있다. 세 방정식 모두 두번째 수를 첫번째 수로 나누어 정답을 구한다. 첫번째 문제의 경우 $30 \div 5 = 6$, 두번째 문제는 $16 \div 2 = 8$, 세번째 문제는 $60 \div 3 = 20$이다. 따라서 문제를 해결하는 방식에서 구체적인 상황이 어떠한지, 그리고 어떤 수들이 그 상황에 개입되는지는 상관이 없다.

그러므로 이 방정식들을 더 추상적인 방식으로 재구성해볼 수도 있다.

어떤 수량 (1)을 곱하여 수량 (2)가 되는 수를 찾는다.

이와 같은 유형의 문제들은 모두 같은 방식으로 풀 수 있다. 수량 (2)를 수량 (1)로 나누기만 하면 된다.

물론 이는 매우 간단한 예시다. 이 예시는, 문제가 곱셈으로만 이루어져 있고 방정식을 풀기 위해 나눗셈만 사용하는 경우다. 그렇지만 미지수를 구하기 위해 여러 가지 다른 연산이 필요한 다른 유형의 방정식을 생각해볼 수 있다. 알콰리즈미는 주로 사칙연산(덧셈, 뺄셈, 곱셈, 나눗셈)과 제곱근을 사용해서 미지수를 구하는 방정식을 연구했다. 다음은 그중 하나의 예시다.

어떤 수의 제곱수가 그 수의 세 배보다 10만큼 더 큰 수를 찾는다.

이 문제의 정답은 5이다. 5의 제곱은 25이고, $25 = 3 \times 5 + 10$이다. 이번에는 운이 좋아서 문제의 정답이 자연수이고 계산을 몇 번 해보면 답을 유추할 수 있었다. 하지만 정답이 굉장히 큰 수이거나 소수점 이하 값을 가지고 있다면 체계적인 방식으로 답을 찾을 명확한 방법이 필요하다. 이것이 바로 알콰리즈미가 그의 책 서문에서 밝힌 내용이다. 그는 문제에서 주어진 수치가 무엇이든 간에, 그 수치들을 가지고 실행하는 계산을 단계별로 기술한다. 그러고는 그 방법이 옳다는 것을 입증한다.

알콰리즈미의 접근 방식은 추상화와 보편성을 지향하는 수학의 전반적인 흐름과 완벽하게 들어맞는다. 이미 오래전부터 수학의 대상은 자신이 나타내는 실제 대상으로부터 분리되어 독립적인 관념이 되었다. 알콰리즈미 시대부터 이 대상에 관한 추론 자체가 그 추론이 풀어내야 하는 문제들로부터 떨어져나온 것이다.

· 방정식의 분류 ·

모든 방정식이 다 풀기 쉽지는 않다. 그중에서 몇몇 문제는 오늘날의 수학자들조차도 해결하지 못했다. 어떤 방정식이 어려운지 아닌지는 근본적으로 그 방정식을 구성하는 연산과정에 따라 다르다.

따라서 미지수가 오로지 덧셈, 뺄셈, 곱셈, 나눗셈으로만 구성되어 있으면 우리는 이를 일차방정식이라고 부른다. 아래는 일차방정식의 몇 가지 예다.

3을 더하면 10이 되는 수는 무엇인가?

2로 나누면 15가 되는 수는 무엇인가?

2를 곱한 다음 10을 빼면 0이 되는 수는 무엇인가?

일차방정식은 제일 간단하게 풀 수 있다. 조금만 생각해보면 위의 세 방정식의 해를 찾을 수 있다. $7+3=10$이므로 첫번째 문제의 답은 7이고, $30 \div 2=15$니까 두번째 답은 30, $5 \times 2-10=0$이므로 마지막 문제의 답은 5다.

이 사칙연산에 제곱수, 즉 미지수를 같은 미지수로 곱하는 연산과정이 추가되면 이를 이차방정식이라 부르는데, 이차방정식은 일차방정식보다 훨씬 어렵다. 그리고 알콰리즈미

수학에 관한 어마어마한 이야기

가 그의 저서에서 다룬 것이 바로 이차방정식이다. 다음은 알콰리즈미가 다룬 문제 중 두 가지 예시다.

어떤 수의 제곱수에 21을 더한 값은 그 수에 10을 곱한 값과 같다.

어떤 수의 제곱수와 그 수에 10을 곱한 값을 더하면 39가 된다.

이차방정식이 지닌 한 가지 특징은 해가 두 개라는 점이다. 첫번째 방정식의 답은 3과 7이다. $3 \times 3 + 21 = 3 \times 10$이고, $7 \times 7 + 21 = 7 \times 10$이다. 두번째 방정식도 마찬가지로 3과 -13, 답이 두 개다.

9세기에 기하학은 여전히 수학에서 기준이 되는 학문이었고, 알콰리즈미의 증명은 당연히 기하학 용어로 표현된다. 고대 학자들의 설명에 따르면, 어떤 수의 제곱수 그리고 두 수의 곱은 넓이와 같다. 따라서 이차방정식을 평면 기하학 문제처럼 다룰 수 있다. 예를 들어 우리가 앞서 살펴보았던 두 방정식을 기하학으로 변환하면 아래와 같다. 물음표들은 미지수에 해당하는 세로의 길이다.

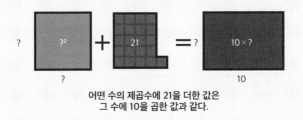

어떤 수의 제곱수에 21을 더한 값은
그 수에 10을 곱한 값과 같다.

———

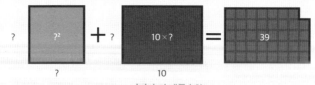

어떤 수의 제곱수와
그 수에 10을 곱한 값을 더하면 39가 된다.

———

따라서 알콰리즈미는 이 이차방정식 문제들을 개선된 퍼즐의 법칙을 사용하여 푼다. 그는 퍼즐 조각들을 잘라내고, 필요에 따라 붙이거나 빼서 등호 오른쪽 도형의 모형으로 만든다.

예를 들어 두번째 방정식 문제를 보면, 알콰리즈미는 먼저 미지수에 10을 곱한 직사각형을 미지수에 5를 곱한 직사각형 두 개로 나눈다.

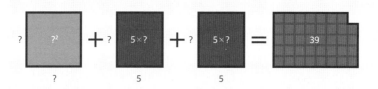

그런 다음 퍼즐 조각들을 다음과 같은 방식으로 재배치한다.

마지막으로, 좌변과 우변에 모두 넓이가 25인 조각을 더해서 양변을 다 정사각형으로 만든다.

수학에 관한 어마어마한 이야기

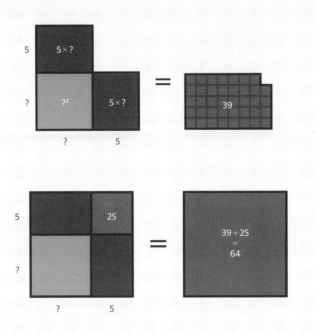

따라서 좌변 정사각형의 한 변의 길이는 미지수에 5를 더한 값이고, 우변의 정사각형은 한 변의 길이가 8이다. 우리는 여기에서 미지수가 3이라고 추론할 수 있다.

이 도형이 실제로는 제대로 된 비율이 아니라는 점에 주목하라. 미지수가 3이라는 답을 구하기 전에는 우리는 도형의 길이가 정확하지 않다는 사실을 알아낼 수 없었다. 하지만 이는 전혀 중요한 문제가 아니다. 왜냐하면 여기에서 중요한 것은 값이 얼마인지가 아니라, 방정식에 나타나는 수와 상관없이 같은 방식의 분할법이 유효하다는 사실이다. '기하학이란 틀린 도형들로 올바른 추론을 하는 기술'이라는 격언이 있다. 앞의 퍼즐 증명이 이 점을 아주 잘 보여준다.

그렇지만 이 퍼즐 방식에서 미지수는 도형의 길이, 즉 양수라는 점에 유의해야 한다. 음수 해는 찾아보려야 찾아볼 수가 없다. 두번째 방정식은 −13이라는 해도 있지만, 알콰리즈미는 이 부분을 완전히 지나쳐버린다.

이차방정식 다음은 삼차방정식이다. 이 경우에는 미지수를 가지고 정육면체를 만들어 문제를 풀 수 있다. 삼차방정식은 알콰리즈미가 풀기에는 너무 복잡하므로 르네상스 시대에 가서야 이 문제를 해결할 수 있다. 기하학을 이용해 삼차방정식을 풀려고 하면, 3차원 입체도형이라는 문제를 맞닥뜨리게 된다.

그다음에는 사차방정식이 등장한다. 수치상으로 사차방정식은 어떤 문제도 없다. 그렇지만 이를 기하학적으로 재현하면 우리의 힘에 부치는 일이 된다. 왜냐하면 사차원 도형을 생각해야 하는데, 우리가 사는 삼차원 세상에서는 이것을 생각할 수가 없기 때문이다.

르네상스 시대로 넘어가면 기하학에서는 선험적으로 이해할 수 없던 문제들을 대수학으로 해결하는 커다란 변화를 겪으면서, 대수학이 기하학에게서 '수학의 여왕'이라는 타이틀을 빼앗아오는 상황이 도래한다.

9세기 말에 활동한 이집트 수학자 아부 카밀Abu Kamil은 알콰리즈미의 주요 후계자 가운데 한 명이다. 그는 알콰리즈미의 방법론을 일반화했고, 특히 연립방정식에 관심을 가졌다. 연립방정식은 두 개 이상의 미지수를 포함하는 방정식을 서로 연결한 방정식이다. 아래는 연립방정식의 고전적 문제다.

> 한 사육자가 등에 혹이 하나 있는 단봉낙타와 혹이 두 개 있는 쌍봉낙타로 구성된 낙타 무리를 데리고 있다. 이 낙타 떼는 총 100개의 머리와 130개의 혹이 있다. 이때 단봉낙타와 쌍봉낙타는 각각 몇 마리일까?

여기에서 우리는 단봉낙타와 쌍봉낙타가 몇 마리인지를 두 개의 미지수로 놓을 수 있다. 그리고 우리가 가지고 있는 정보들은 뒤섞여 있다. 낙타가 총 몇 마리인지와 낙타 혹이 총 몇 개인지를 가지고 두 개의 방정식을 세울 수 있지만, 이 방정식 두 개를 개별적으로 풀기는 불가능하다. 이 문제를 하나로 묶어야 풀 수 있다.

이 방정식을 푸는 방법은 여러 가지가 있다. 그중 하나는 다음과 같다. 머리가 100개 있으니까 낙타는 총 100마리다. 그런데 만약 이 무리에 단봉낙타만 있다면 혹도 100개밖에 없을 테고, 그러면 혹 30개가 비는 셈이다. 따라서 쌍봉낙타 30마리가 있고, 나머지 70마리가 단봉낙타다. 이런 추론으로는 단 한 가지 정답밖에 구할 수 없지만, 좀 더 복잡한 연립방정식은 더 많은 해가 있을 수 있다. 이런 식으로, 아부 카밀은 자신의 한 저서에서 몇몇 방정식을 풀기 위한 서로 다른 방식 2676가지를 찾아냈다고 밝혔다.

10세기에 알카라지Al Karaji는, 비록 방정식 해법을 상대적으로 많이 찾아내지는 못했지만, 방정식의 차수와 관계없이 방정식을 고안할 수 있다고 처음으로 기술한다. 11세기와 12세기에는 오마르 하이얌과 샤라프 알딘 알투시Sharaf al-Dīn al-Tūsī가 삼차방정식을 공략한다. 이들은 몇몇 특정한 방정식들을 푸는 데 성공했고, 비록 방정식 풀이의 체계적 방법론은 갖추지 못했으나 방정식 연구에서 의미 있는 진전을 이루어냈다. 그 밖의 다른 여러 시도들은 실패했고, 몇몇 수학자들은 이런 삼차방정식은 풀 수 없는 것일 수 있음을 거론하기 시작한다.

결국 아랍의 학자들은 삼차방정식의 해법을 찾지 못했다. 이슬람의 황금기는 13세기에 정점에 달하고 나서 서서히 쇠퇴하기 시작했다. 쇠퇴의 이유는 여러 가지였다. 이슬람 제국의 지배는 탐욕을 계속 부추겼고, 국방에서만큼이나 무역에서도 정기적으로 공격을 받았다.

1219년에 알콰리즈미의 고향 화리즘에 칭기즈칸의 유목 부족이 쳐들어온다. 1258년에는 칭기즈칸의 손자 훌라구 칸이 몽골 군대를 이끌고 들어와 바그다드를 함락시키자 알무스타심 칼리프는 항복할 수밖에 없었다. 바그다드는 약탈당하고 불탔으며, 바그다드 주민들은 학살당했다. 같은 시기에 스페인 남부에서는 기독교에 의한 국토

회복운동(레콘키스타Reconquista)이 진행되었다. 1236년에는 스페인 남부의 수도 코르도바를 손에 넣는다. 1492년에는 그라나다와 알람브라 궁전을 탈환하면서 스페인은 완전히 통일된다.

아랍 제국의 과학 기관들은 지방으로 충분히 분산되어 있어서 이러한 패배를 겪었음에도 얼마 동안은 버틸 수 있었다. 제일 우선시되던 연구들은 16세기까지 계속해서 수행되긴 했으나, 역사의 바람이 방향을 바꾸면서 유럽이 수학이라는 횃불에 불을 붙일 준비를 한다.

10장

—

수에 열을 지어서

먼저 중세 유럽에서 수학이 순조롭게 진행되지 않았다는 사실을 짚고 넘어가야겠다. 그렇지만 우리는 몇 가지 예외를 찾아볼 수 있다. 중세의 가장 위대한 유럽 수학자는 아마도 1175년에 피사에서 태어나 같은 도시에서 1250년에 사망한 이탈리아인 레오나르도 피보나치Leonardo Fibonacci일 것이다.

그는 어떻게 당시 유럽에서 중요한 수학자가 될 수 있었을까? 유럽에 머물지 않으면서 말이다. 피보나치의 아버지는 지금의 알제리인 베자이아에서 피사의 상인 대표로 활동했다. 피보나치는 바로 그곳에서 교육을 받았고 아랍 수학 연구, 특히 알콰리즈미와 아부 카밀의 업적을 발견했다. 피사로 돌아온 1202년에 그는 『주판서Liber Abaci』 또는 『계산책』이라고 불리는 책을 출판한다. 이 책에서 그는 아라비아 숫자부터 시작해, 디오판토스 산수론의 업적, 수열 계산, 유클리드 기하학에 이르기까지 당시 수학에 관한 모든 것을 소개한다. 그리고 여기서 소개되는 수열 중 하나가 수세기 후 그에게 커다란 인기를 가져다준다.

수열數列이란 무한대까지 연장할 수 있는 연속된 수를 말한다. 우리는 이미 몇몇 수열을 알고 있다. 홀수 수열(1, 3, 5, 7, 9……)이나 제곱수의 수열(1, 4, 9, 16, 25……)은 가장 간단한 예시다. 피보나치는 『계산책』에 수록된 한 문제에서, 토끼 수의 증가를 수학 모델로 제시할 방법을 찾으려 애쓴다. 그는 토끼들이 다음과 같은 조건을 만족한다고 가정한다.

1. 태어난 후 두 달 동안 토끼는 가임기가 아니다.
2. 생후 3개월부터 토끼 한 쌍은 매달 새끼 토끼 한 쌍을 낳는다.

이 가정에서 출발해 어린 토끼 한 쌍의 가계도를 예측할 수 있다. 이 가계도에서 우리는 시간의 흐름에 따라 전체 토끼가 몇 쌍인지를 나타내는 수열을 관찰할 수 있다. 이 가계도를 세로로 살펴보면, 첫 6개월 동안 전체 토끼 쌍의 수는 1, 1, 2, 3, 5, 8……이다.

피보나치는 매달 총 토끼 수가 앞의 두 달을 더한 값과 같다는 사실을 알아냈다. 1+1=2, 1+2=3, 2+3=5, 3+5=8 등으로 말이다. 이 규칙은 말이 된다. 매달 새로 태어나는 토끼의 수는 바로 전달 가

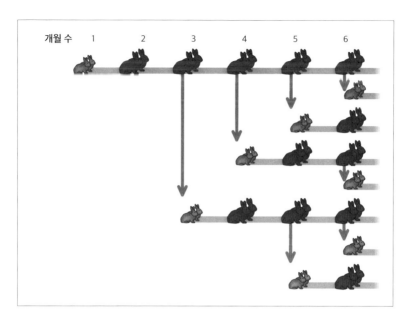

각각의 행은 시간의 흐름에 따른 토끼 한 쌍의 변화를 나타낸다.
화살표는 출생을 의미한다.

———

임기인 토끼 수, 즉 두 달 전 태어난 토끼 수와 똑같고, 여기에 이미 존재하는 토끼 수를 더한 값이 전체 토끼 수이기 때문이다. 이제 토끼의 가계도를 전부 다 그리지 않고도 수열의 항을 계산할 수 있다.

$$1, 1, 2, 3, 5, 8, 13, 21, 34, 55, 89, 144 \cdots\cdots$$

피보나치에게 이 문제는 심심풀이용 수수께끼였을 뿐이다. 하지만 토끼 수 증가를 다룬 수열은 추후에 실용적이면서도 이론적으로 폭넓게 응용된다.

수학에 관한 어마어마한 이야기

그가 제시한 수열의 가장 놀라운 예는 아마도 식물학 분야의 예일 것이다. 잎차례는 식물의 축을 중심으로 잎이나 다른 구성 요소들이 자라나는 방식을 분석한 규칙이다. 솔방울을 관찰해보면, 표면이 나선 모양으로 된 비늘로 구성되어 있는 모습을 발견할 것이다. 조금 더 정확하게는 시계바늘 방향으로 돌아가는 나선의 수와 그 반대 방향으로 돌아가는 나선의 개수를 셀 수 있다.

여덟 개의 나선   열세 개의 나선

이처럼 나선 모양으로 나타날 수 있다는 점만큼이나 놀라운 사실은, 이 두 수가 항상 피보나치수열에서 연속해서 나타나는 두 항이라는 점이다! 여러분이 숲을 산책할 때, 예를 들어 5-8, 8-13, 13-21 유형의 솔방울을 볼 수 있지만, 6-9, 8-11 유형의 솔방울은 절대로 만날 수 없다. 이 피보나치수열은 다른 수많은 식물에서도, 비록 정도의 차이는 있어도 확연하게 나타난다. 바나나나 해바라기

꽃에서는 이 나선이 잘 보이지만, 반대로 콜리플라워의 부풀어오른 듯한 모습에서는 잘 찾아보기가 어렵다. 하지만 분명 이 나선형은 어디에나 있다.

· 황금비 ·

피보나치수열은 고대부터 잘 알려진 수와 매우 깊은 관계가 있다는 점이 밝혀진다. 그 수는 바로 황금비다. 황금비는 대략 1.618인데, 그리스인들은 이 수를 완벽한 비율로 여겼다. π와 마찬가지로 황금비는 무한소수이고, 그래서 φ(피)라는 이름이 붙여졌다.

황금비는 수많은 기하학적 변형으로 나타날 수 있다. 황금사각형이란 가로변의 길이가 세로변의 φ배인 직사각형이다. 황금비의 특성상, 이 황금사각형에서 정사각형을 잘라내고 남은 작은 직사각형은 항상 황금사각형이 된다.

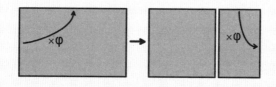

그리스인들은 황금비를 특히 건축에 활용했다. 아테네에

수학에 관한 어마어마한 이야기

있는 파르테논 신전의 정면 파사드는 거의 황금비에 가까운 비율인데, 당시 건축가가 자신의 뜻대로 이렇게 지었는지 알아볼 수 있는 신뢰할 만할 출처를 찾기는 어렵지만, 이는 우연이 아닐 가능성이 매우 높다. 오늘날까지 전해져 내려온 저서 중에 황금비를 명확히 정의한 최초의 저술은 유클리드의 『기하학 원론』 6권이다.

또 정오각형에서도 황금비가 나타나는 것을 볼 수 있다. 정오각형의 대각선 길이와 한 변의 길이의 비는 황금비다. 다시 말해 정오각형의 다섯 개 대각선 중 하나의 길이는 정오각형 한 변의 길이에 φ를 곱한 것과 같다.

이런 식으로 황금비는 오각형이 있는 모든 기하학 구조에서 찾아볼 수 있다. 예를 들어 우리가 앞서 살펴보았던 제오드나 축구공의 경우에도 그렇다. 우리가 대수학 방법론을 이용해 황금비의 정확한 값을 계산하려고 하면, 이내 다음과 같은 이차방정식을 마주한다.

황금비의 제곱은 황금비에 1을 더한 수와 같다.

알콰리즈미의 방법을 쓰면 다음과 같은 정확한 공식을 구할 수 있다. 즉 $\varphi = (1 + \sqrt{5}) \div 2 \approx 1.618034$*인데, 값이 $1.618034 \times 1.618034 \approx 2.618034$이므로 이 방정식에 잘 들어맞는다는 사실을 확인할 수 있다.

그렇지만 피보나치수열이 황금비와 무슨 관계가 있는 것일까?

우리가 충분히 오랫동안 토끼의 증식을 관찰한다면, 우리는 매달 전체 토끼 수는 그 전달 토끼 수에 φ를 곱한 값과 유사하다는 사실을 발견할 것이다. 예를 들어 6개월과 7개월을 살펴보자. 이 기간 동안 토끼 수는 여덟 마리에서 열세 마리로 늘어나고, 따라서 총 토끼 수는 원래 토끼 수에 $13 \div 8 = 1.625$를 곱한 값이 된다. 이 수치는 황금비와 크게 다르지는 않지만, 그렇다고 해서 정확한 황금비 값도 아니다. 이번에는 11개월에서 12개월로 넘어가는 기간을 살펴보면, 토끼 수에 $144 \div 89 \approx 1.61797\cdots\cdots$을 곱한 값이다. 점점 더 황금비에 가까워진다. 그리고 이 과정을 계속 반복할

• 이 공식에서 $\sqrt{5}$ 기호는 숫자 5의 제곱근, 즉 그 제곱수가 5인 수 중 양수를 의미한다. $\sqrt{5}$는 약 2.236이다.

수학에 관한 어마어마한 이야기

수 있을 것이다. 시간이 더 많이 흐를수록, 해당 달에서 그다음 달로 넘어갈 때 곱하는 수는 황금비에 점점 더 가까워진다!

이런 사실이 확인되었다면, 그다음은 질문을 던질 차례다. 그다지 중요해 보이지 않는 이 수가 어떻게 기하학, 대수학, 수열 등 서로 다른 세 분야에서 나타나는 걸까? 먼저, 비슷하지만 서로 다른 세 종류의 수라고 생각해볼 수 있을 것이다. 하지만 그렇지 않다. 오각형의 대각선을 정확하게 측정할수록, $(1+\sqrt{5})\div2$의 값을 정교하게 구할수록, 피보나치 수열이 점점 더 커질수록, 우리는 매번 같은 수를 마주한다는 사실을 인정할 수밖에 없다.

이 질문에 대답하려면, 수학자들은 다른 수학 분야 사이에 다리를 놓는 혼합 증명을 해야 한다. 고대 문명에서부터 수를 도형으로 표현하면서 기하학과 대수학 사이에서 이미 이러한 현상이 존재했고, 이 현상은 다른 수학 분야로 퍼져나간다. 그리고 그때까지 서로 떨어져 있는 것처럼 보였던 몇몇 분야들이 대화를 시작한다. 이때부터 φ와 같은 수들은 특정 분야의 관심사를 넘어서는 훌륭한 중개자라는 사실이 입증된다. 피보나치의 생전에 π는 그 적용 범위가 기하학에만 한정되어 있었다. 하지만 그 이후에는 모든 영역으로 확장되었다.

또한 수열 연구는 엘레아의 제논의 역설, 특히 아킬레우스와 거북의 역설을 새로운 시각으로 조명할 수 있게 해준다. 여러분은 그리스 학자 제논이 가상으로 만든 달리기 시합을 기억하는가? 거북이 아킬레우스보다 100미터 앞에서 경주를 시작하지만, 아킬레우스는 거북보다 두 배 더 빨리 뛴다. 이처럼 아킬레우스와 거북의 역설에서 거북이 더 느린데도 아킬레우스는 절대 거북을 추월할 수 없을 것만 같다.

이와 같은 결론에 도달하는 것은 달리기 시합을 무한의 구간으로 분절했기 때문이다. 아킬레우스가 거북의 출발점에 다다른 순간, 거북은 50미터를 앞서나갈 것이다. 아킬레우스가 다시 이 50미터를 달리는 동안 거북은 25미터를 더 앞서나가…… 이런 식으로 계속 반복된다. 이처럼 매 구간마다 아킬레우스와 거북의 간격은 전항의 절반으로 이루어진 수열을 만든다.

$$100 \; 50 \; 25 \; 12.5 \; 6.25 \; 3.125 \; 1.5625 \; \cdots\cdots$$

이처럼 수열이 무한대로 계속 이어지기 때문에 아킬레우스가 절대로 거북을 따라잡을 수 없을 것이라는 잘못된 결론을 내릴 수 있다. 그렇지만 이 끝나지 않고 계속되는 이 수들을 전부 더하면 그 값은 당연히 무한대가 아니다.

$$100 + 50 + 25 + 12.5 + 6.25 + 3.125 + 1.5625 + \cdots\cdots = 200$$

수학에 관한 어마어마한 이야기

이 점이 수열에서 가장 괴상한 부분 중 하나다. 무한히 계속되는 수들을 더한 값이 유한이 될 수 있다는 것 말이다! 이 합은 아킬레우스가 200미터 지점에서 거북을 추월할 것임을 시사한다.*

또한 이와 같은 무한개 항들의 덧셈은 π나 삼각비 등 기하학에서 비롯된 수들을 계산하는 데도 매우 유용하다. 기본적인 사칙연산으로는 이 수들을 표현할 수 없더라도, 수열의 합으로 계산할 수는 있다. 이러한 가능성을 모색한 최초의 학자 가운데 한 명이 인도 수학자 산가마그라마Sangamagrama의 마드하바Madahava로, 1500년경에 π에 대한 공식을 발견했다.

$$\pi = \left(\frac{4}{1}\right) + \left(-\frac{4}{3}\right) + \left(\frac{4}{5}\right) + \left(-\frac{4}{7}\right) + \left(\frac{4}{9}\right) + \left(-\frac{4}{11}\right) + \left(\frac{4}{13}\right) + \cdots\cdots$$

마드하바 수열의 항들은 음수와 양수가 교차해서 나타나고, 4를 연달아 홀수로 나누면 π 값을 구할 수 있다. 하지만 이 합이 π 문제를 완전히 해결했다고 할 수는 없다. 우선 덧셈식을 세우기는 했지만, 그 값을 구해야 한다. 아르키메데스와 거북의 경주 등 어떤 수열

---

* 무한히 계속되는 수들의 합을 계산할 때는 극한 개념을 사용한다. 유한개의 항들만 고려해서 총합을 분할한 다음, 그 항들을 점점 더해가면서 총합이 어떤 수에 점차 가까워지는지를 본다. 아킬레우스와 거북의 경우, 제1항부터 제7항까지의 합을 먼저 살펴보면 '100+50+25+12.5+6.25+3.125+1.5625=198.4375'다. 여기에다 제20항까지의 합을 더하면 약 199.9998이 된다. 뒤의 항들을 계속 더하면 200에 완전히 가까워진다는 것을 증명할 수 있다. 따라서 무한개 항의 총합은 200이 된다.

의 합은 쉽게 계산할 수 있지만, 반대로 마드하바 수열처럼 다른 경우에서는 특히 녹록지 않다.

정리하자면, 이 무한개 항들의 합으로 π를 구하는 식이 세워졌다고 해서 정확한 π 값을 모든 소수점 이하 자리까지 쓸 수 있게 되지는 않았지만, 더 정확한 근삿값을 찾을 새로운 문이 열렸다. 우리는 무한개 항들을 단번에 더할 수 없기 때문에, 이중에서 유한개 항들을 계산하는 선에서 만족하는 수밖에 없다. 이런 식으로 제1항부터 제5항까지의 합을 구하면 3.34다.

$$\left(\frac{4}{1}\right) + \left(-\frac{4}{3}\right) + \left(\frac{4}{5}\right) + \left(-\frac{4}{7}\right) + \left(\frac{4}{9}\right) \approx 3.34$$

이 값이 매우 정확한 근삿값은 아니지만, 여기까지 별다른 문제가 없으니 더 멀리 나아가보자. 제100항까지 더하면 3.13이라는 값을 얻고, 100만번째 항까지 더하면 3.141592가 된다.

그렇지만 소수점 이하 여섯 자리까지의 근삿값을 구하자고 100만번째 항까지 더하는 것은 매우 실용적이지 못하다. 마드하바 수열은 굉장히 천천히 수렴한다는 단점이 있다. 이후 18세기에 가서 스위스의 수학자 레온하르트 오일러Leonhard Euler가, 20세기에는 인도 학자 스리니바사 라마누잔Srinivasa Ramanujan 등 다른 수학자들이 그 합이 π가 되면서도 훨씬 더 빠르게 수렴하는 무수히 많은 다른 수열들을 발견한다. 이러한 방식은 점차 아르키메데스의 방법을 대체하며, 소수점 이하 자릿수를 더 많이 계산할 수 있도록 해준다.

삼각비에도 수열이 있다. 예를 들어 주어진 한 각에 대한 코사인의 합은 다음과 같다.

$$\text{코사인} = 1 - \frac{\text{각}^2}{1 \times 2} + \frac{\text{각}^4}{1 \times 2 \times 3 \times 4} - \frac{\text{각}^6}{1 \times 2 \times 3 \times 4 \times 5 \times 6} + \cdots\cdots$$

코사인 값을 구하려면 문제에서 주어진 각을 측정한 다음, 위의 식에서 '각'이라고 쓰여 있는 자리에 측정한 각도 값을 넣으면 된다.* 사인, 탄젠트, 그 밖의 다른 상황에서 나타나는 여러 수들도 이와 유사한 공식들이 존재한다.

오늘날 수열은 계속해서 여러 분야에서 다양하게 적용되고 있다. 피보나치수열이 등장한 후로는, 시간의 흐름에 따른 동물종 변화를 연구하기 위해 개체군 역학 조사에 수열을 활용한다. 하지만 현대 모델은 좀 더 정교하며, 사망률, 포식자, 기후, 동물이 살아가는 생태계의 전반적인 가변성 등 수많은 변수를 고려한다. 일반적으로 시간의 흐름에 따른 단계별 변화의 전 과정을 모델링할 때 수열이

---

* 그렇지만 이 공식이 유효하려면, 각의 단위가 육십진법의 '도degree'가 아닌 '라디안radian'이라는 점에 유의해야 한다. 라디안이라는 새로운 단위법(호도법)을 사용하는 경우, 원을 1회전하면 360도가 아니라 2π라디안이 된다. 이상하게 느껴질 수 있지만, 삼각비 공식과 이와 관련된 수열을 올바르게 계산하려면 호도법을 이용해야 한다.

투입된다. 컴퓨터 공학, 통계, 경제학, 기상학도 수열의 도움을 받는 분야다.

수학에 관한 어마어마한 이야기

11장

—

허수의 세계

16세기 초 피보나치가 심은 씨앗은 새로운 수학자 세대의 출현으로 그 결실을 맺기 시작한다. 이들은 아랍 학자들이 시작한 대수학 연구를 계승한다. 새로운 세대의 수학자들은 파란만장한 사건 끝에 마침내 삼차방정식의 해법을 찾는다.

이 이야기는 16세기 초 스키피오네 델 페로Scipione Del Ferro라는 사업가이자 볼로냐 대학의 수학 교수에게서 시작한다. 델 페로는 대수학에 관심을 갖고 삼차방정식 해법 공식을 최초로 발견했다. 하지만 불행하게도 아랍 지역에서는 널리 퍼져 있는 지식 전파의 기풍이 그 당시 유럽에서는 통용되지 않았다. 볼로냐 대학은 정기적으로 교수 임용을 했다. 델 페로는 최고의 교수로 남아 있으면서 교수직을 잃지 않기 위해 경쟁자들에게 자신이 찾은 비법을 알려주지 않으려고 온 힘을 다했다. 그는 자신이 발견한 삼차방정식의 비밀을 기록으로 남겼지만 출판하지는 않았다. 몇 명 안 되는 제자들에게만 그것을 알려줬는데, 제자들도 델 페로와 마찬가지로 계속 비밀로 간직했다.

따라서 1526년에 델 페로가 사망했을 때에도 이탈리아 수학계에서는 삼차방정식이 해결되었다는 사실을 알지 못했다. 심지어 많은 수학자들이 삼차방정식은 풀 수 없는 문제라고 생각했다. 하지만 델 페로의 제자 중 한 명인 안토니오 마리아 델 피오레Antonio Maria Del Fiore는 스승의 비밀을 알고 난 뒤로, 그것을 아는 체하지 않고는 참기 힘들어했다. 그는 다른 이탈리아 수학자들에게 주로 삼차방정식을 푸는 대결을 벌이자고 제안했다. 물론 델 피오레가 승리했다. 그러자 삼차방정식의 일반해법이 있다는 소문이 서서히 퍼지기 시작했다.

1535년에는 니콜로 폰타나 타르탈리아Niccolo Fontana Tartaglia라는 베네치아 학자가 델 피오레의 도전에 응했다. 당시 타르탈리아는 35세였고, 그때까지 주요 저서를 출간하지 않은 처지였다. 그러니 델 피오레는 이제 곧 당대의 월등히 뛰어난 수학자로 떠오를 사람에게 자신이 말을 걸었다는 사실을 전혀 알지 못했다. 타르탈리아와 델 피오레는, 패자가 승자에게 30일간 연회를 베푼다는 조건으로 각자 문제 30개를 내서 서로 교환했다. 몇 주가 지나도 타르탈리아는 델 피오레가 낸 삼차방정식 문제를 풀지 못했지만, 대결 마지막 날을 며칠 앞두고 공식을 찾는 데 성공했다. 그 후 몇 시간 안에 서른 문제를 모두 풀고 대결에서 승리를 거머쥐었다.

이야기가 여기에서 끝날 수도 있었겠지만, 이번에는 타르탈리아가 자신의 방법을 공개하기를 거절했다. 이런 상황은 다시 4년간 이어졌다.

이 사건의 소식이 지롤라모 카르다노Girolamo Cardano라는 밀라노의 수학자이자 기술자의 귀에 들어간다. 기계공학 애호가들은 아마 제롬 카르당Jérôme Cardan이라는 그의 프랑스식 이름을 들어본 적이 있을 것이다. 무엇보다도 그는 카르단 조인트(구동 장치)를 발명했는데, 자동차에서 엔진의 회전력을 바퀴까지 전달해주는 장치다. 이 때까지 카르다노는 삼차방정식을 푸는 것이 불가능하다고 여겼다. 타르탈리아가 대결에서 승리했다는 소식을 듣고서 카르다노는 궁금한 마음에 그에게 접근을 시도했다. 1539년 초, 카르다노는 타르탈리아에게 삼차방정식 문제 여덟 개를 보내면서 해법을 전수해달라고 요청했다. 타르탈리아는 이 요청을 매몰차게 거절했다. 카르다노는 분개하여 이탈리아의 대수학자들을 향해 타르탈리아의 교만함을 규탄해야 한다고 촉구하며 그를 위협하려 했다. 타르탈리아는 이에 굴복하지 않았다.

카르다노는 마침내 속임수를 써서 자신의 목적을 달성했다. 카르다노는 타르탈리아에게 밀라노의 성주인 알바오스 후작이 그를 만나고 싶어한다고 알려주었다. 타르탈리아는 베네치아에서 경제적으로 여의치 않은 상황이어서 후원자가 필요했다. 그래서 밀라노를 방문하기로 했고, 회동 일자와 장소는 1539년 3월 15일 카르다노의 집으로 정해졌다. 타르탈리아는 사흘 동안 헛되이 후작을 기다렸다. 이 사흘은 카르다노에게 타르탈리아에 대한 불신을 떨어내기에 충분한 시간이었다. 끈질기게 진행된 협상 끝에 삼차방정식의 해법을 절내로 출간하지 않는다는 조건으로 타르탈리아가 마침내 자신의 해법을 알려주었다. 카르다노는 그러겠다고 맹세하고 공식을 전수받았다.

카르다노는 밀라노로 돌아온 뒤로 그 공식을 파고들기 시작했다. 타르탈리아의 해법은 놀랍도록 적중했으나 한 가지 부족한 면이 있었으니, 바로 증명이었다. 지금까지 관련 수학자 중에서 모든 경우의 삼차방정식 해법의 정확한 공식을 엄격한 방식으로 증명하는 데 성공한 사람은 없었다. 그 이후 몇 년 동안 카르다노는 삼차방정식 일반해법 증명에 전념했다. 마침내 그는 성공했고, 그의 제자 중 한 명인 루도비코 페라리Ludovico Ferrari가 사차방정식의 일반해법을 발견하기에 이른다! 카르다노와 페라리는 밀라노에서 맺은 맹세 탓에 자신들의 업적을 발표할 수 없었다.

하지만 카르다노는 포기하지 않았다. 1542년에 페라리와 함께 스키피오네 델 페로의 옛 제자 중 한 명인 안니발레 델라 나베Annibale Della Nave를 만나러 볼로냐를 방문했다. 이들 세 학자는 델 페로의 이전 기록들을 다시 찾아냈는데, 삼차방정식의 해법을 처음으로 발견한 사람이 실제로는 델 페로라는 사실을 확인했다. 이때부터 카르다노는 그가 이전에 한 맹세로부터 자유로워졌다. 그는 1547년에 '위대한 기술'이라는 뜻의 제목을 가진 『아르스 마그나Ars Magna』를 출판

수학에 관한 어마어마한 이야기

해 마침내 삼차방정식의 해법을 전 세계에 밝혔다. 타르탈리아는 이에 격분하여 카르다노를 맹렬히 비난하며 직접 책을 써서 출간했다. 하지만 너무 늦었다. 세상 사람들이 보기에 삼차방정식을 정복한 학자는 카르다노였고, 그의 이름을 딴 카르다노 공식이 오늘날까지도 삼차방정식의 해법으로 알려져 있다.

그렇지만 당시의 대수학자들은 『아르스 마그나』에서 몇 가지 상세한 부분에 대해서는 상당히 미심쩍어하는 태도를 보였다. 카르다노 공식을 쓰면 많은 경우에 음수의 제곱근을 계산해야 한다. 우리는 한 방정식을 풀어나가는 와중에 예를 들어 −15의 제곱근이 나타나는 걸 볼 수 있고, −15의 제곱근이란 정의상 제곱하면 −15가 되는 수라고 간주한다. 그렇지만 이는 브라마굽타의 부호의 연산법칙에 따르면 완전히 불가능한 일이다. 양수의 제곱은 양수지만, 음수의 제곱 역시 양수가 된다. 예를 들어서 $(-2)^2=(-2)\times(-2)=4$다. 그 자신을 곱한 어떤 수도 그 값이 −15가 될 수는 없다. 다시 말해 삼차방정식 계산 과정에서 나타나는 제곱근은 존재하지 않는 수다. 하지만 계산하는 과정에서 존재하지 않는 수들을 사용하면 카르다노 공식은 어찌 됐건 정확한 답에 도달한다. 기이하고도 궁금한 일이 아닐 수 없다.

이 문제에 관심을 가진 사람은 바로 볼로냐의 또 다른 수학자 라파엘 봄벨리Rafael Bombelli로, 그는 음수의 제곱근이 수에서 완전히 새로운 차원일 수 있다고 주장했다. 양수도 음수도 아닌 수! 전대미문의 이상한 성질의 수로, 이제까지 아무도 그 존재를 상정하지 않았던 수 말이다. 이렇게 해서 0과 음수의 출현에 이어, 수 체계가 다시한번 확장되는 시점에 이르렀다.

봄벨리는 말년에 역작 『알제브라 오페라L'algebra opera』를 집필했는데, 사망한 해인 1572년에야 출간되었다. 그는 이 책에서 『아르스 마그나』의 발견을 빌려와, 자신이 '궤변적인 수'라고 명명한 새로운 수를 소개했다. 봄벨리는 브라마굽타가 당시 음수의 존재를 증명하기위해 했던 일을 똑같이 했다. 다시 말해 궤변적인 수들의 계산 법칙일체를 정리했는데, 특히 이 수들의 제곱근이 음수라고 주장했다.

봄벨리의 궤변적인 수는 음수와 다소 비슷한 운명의 길에 들어선다. 그 수에 회의적 시선과 불신이 무수히 쏟아진다. 그렇지만 마침내 강력한 존재감을 발산하여, 수학계를 완전히 뒤바꿔놓는다. 이수에 회의적 시선을 거둔 학자들 중에 17세기 초 프랑스의 수학자이자 철학자인 르네 데카르트René Descartes가 있다. 바로 데카르트가, 수체계에 새로 등장한 이 수에 오늘날 우리에게 알려진 이름인 '허수虛數'라는 이름을 붙인다.

수학계 전반에서 허수를 완전히 받아들이기까지는 이로부터 200년이 더 걸린다. 이때부터 현대 과학에서 허수는 부인할 수 없는 존재가된다. 허수는 방정식뿐 아니라 물리학, 특히 전자공학이나 양자물리학에서 다루는 모든 파동 현상 연구 등 다양한 분야에서 찾아볼 수 있게 된다. 만약 허수가 없었다면 현대 기술의 수많은 혁신은 아마 가능하지 않았을 것이다.

하지만 음수와 달리 허수는 과학계를 제외하고는 전반적으로 그 진가를 인정받지 못하고 있다. 허수라는 존재는 직관에 반하고 받아들이기 어려우며, 간단한 물리 현상을 표현하지 못한다. 음수는 빚이나 적자와 같은 개념으로 이해할 수 있었다면, 허수의 경우에는 수를 양적으로 생각하는 방식을 완전히 내려놓아야만 한다. 일상생활에서 실용적 의미를 찾거나, 허수를 이용해 사과나 양을 세는 일 같은 것은 불가능하다.

허수는 수학자들로 하여금 그들이 떠안은 궁극적인 문제에서 천천히 벗어나게 해준다. 결국에 음수 제곱근의 존재를 인정하여 새로운 종류의 수를 만들어낼 수 있다면, 더 멀리 나아가지 못할 이유가 무엇이겠는가? 연산법칙을 명확하게 정의할 수만 있다면 새로운 수를 마음껏 추가할 수도 있지 않을까? 심지어 기존의 수와 전혀 관련 없는 새로운 대수 구조를 만들 수도 있지 않을까?

19세기에는 수란 응당 이래야 한다고 선험적으로 이어내려오던 생각들조차 폐기된다. 이때부터 대수 구조는 (어떤 상황에서는 수라고 부를 수 있지만 항상 그렇지는 않은) '원소' 그리고 원소들을 대상으로 하는 (어떤 상황에서는 덧셈, 곱셈 등으로 부를 수 있지만 항상 그런 것만은 아닌) '연산'으로 구성된 수학적 구조가 된다.

이 새로운 자유는 창조적이면서도 놀라운 성장을 하기에 이른다. 어느 정도 추상적인 새로운 대수 구조들이 발견되고 연구되고 분류되었다. 이 작업의 규모는 방대해서 유럽 수학자들, 그리고 추후에는 전 세계 수학자가 함께 모여 교류하고 협력했다. 오늘날에도 여전히 수많은 대수학 전공자들이 전 세계에서 연구를 하고 있으며, 수많은 추측을 증명해야 하는 과제를 안고 있다.

• 여러분만의 수학 이론을 만들어보세요 •

피타고라스, 브라마굽타, 알카시처럼 여러분도 여러분의 이름을 딴 정리가 있기를 바라는가? 그렇다면 지금부터 여러분만의 대수 구조를 만들고 연구하는 법을 가르쳐주겠다. 이를 위해서 원소의 목록과 이 원소들을 엮어주는 연산, 총 두 가지 재료가 필요하다.

예를 들어 다음의 ♥, ◆, ♣, ♠, ♪, ♫, ▲, ☼ 기호로 여덟 가지 원소를 만들자. 마찬가지로 연산을 위한 기호도 필요하니까 ✳를 써서 이탈리아 학자 라파엘 봄벨리를 기리는 의미로 봄벨리아시옹bombelliation이라고 부르자. 두 원소를 봄벨리아시옹한 값을 정의하려면 이제부터 봄벨리아시옹 연산표를 작성해야 한다.

여덟 개 원소에 해당하는 8행, 8열로 된 표를 그리고, 마음

대로 각 칸에 여덟 개의 원소 중 하나를 채워넣으며 표를
완성해보자.

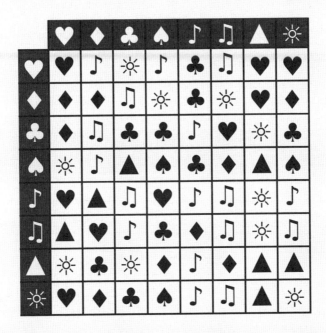

짠! 여러분의 이론이 준비되었고, 이제 연구할 일만 남았
다. 예를 들어서 두번째 행의 네번째 열을 보면, ◆와 ♠를
봄벨리아시옹한 값이 ☼라는 걸 알 수 있다. 이를 식으로 표
현하면 ◆*♠=☼이다. 여러분의 이론에 따라 심지어 방정
식을 풀 수도 있다. 다음을 살펴보자.

♣와 봄벨리아시옹을 하면 ♫가 되는 수를 찾으라.

가능한 해결책을 찾기 위해서는 연산표를 살펴보면 된다. ◆와 ♪라는 두 가지 답이 있다는 사실을 알 수 있다. 왜냐하면 ◆*♣=♬이고, ♪*♣=♬이기 때문이다. 그렇지만 이 새로운 이론에서 우리가 익숙하게 여기는 몇몇 법칙이 성립하지 않을 수 있다는 데 유의해야 한다. 예를 들어 두 원소를 봄벨리아시옹하는 순서에 따라 결과가 똑같지 않을 수 있다. ♥*◆=♪인 반면, ◆*♥=◆이다. 이런 경우를 두고 우리는 교환법칙이 성립되지 않는 연산이라고 말한다.

조금 더 관찰해보면, 더 전반적인 몇 가지 규칙을 발견할 것이다. 예를 들어 같은 원소를 봄벨리아시옹하면, ♥*♥=♥, ◆*◆=◆, ♣*♣=♣ 등 항상 같은 값이 된다. 이 결과는 우리 이론의 첫번째 정리가 될 만한 가치가 있다! 자, 여러분은 원칙을 이해했다. 만약 여러분만의 정리를 원한다면 이제 직접 나설 때다. 물론 원하는 만큼 원소의 수를 정할 수 있다. 한번 해보고 싶다면 무한대의 원소도 가능하다. 각각의 기호가 아닌 숫자 열 개를 쓰는 정수처럼, 여러분도 더 복잡한 기호 체계를 정의할 수도 있다. 그다음에 여러분의 이론에서 공리가 될 연산법칙을 추가할 수 있다. 예를 들어 여러분이 만든 대수 구조의 정의에서 연산의 교환법칙이 가능하다고 정의할 수 있다.

그렇지만 거짓말은 하지 말자. 이런 방법을 사용해서 여러

수학에 관한 어마어마한 이야기

분의 이론이 후대에까지 전해질 가능성은 매우 희박하다. 모든 수학 모델이 다 같은 가치를 지닌 것은 아니다. 어떤 모델은 다른 모델보다 더 유용하고 중요하다. 아무렇게나 연산표를 만들면 흥미로운 구석이라고는 손톱만큼도 없는 모델이 되기 십상이다. 그리고 만약 여러분이 흥미로운 모델을 만들어낸다면, 아마 다른 수학자가 이미 연구했을 가능성이 매우 높을 것이다.

과장해서는 안 되겠지만, 수학자란 엄연히 하나의 직업이니 말이다!

흥미로운 이론인지 아닌지 어떻게 분간할 수 있을까? 역사를 살펴보면, 주로 두 가지 기준이 수학자들이 계속해서 연구할 수 있도록 이끌었다. 첫번째는 유용성이고, 두번째는 아름다움이다.

유용성이 아마 가장 확실한 기준일 것이다. 무엇인가에 도움이 된다는 것은 수학의 첫번째 존재 이유였다. 수는 개수를 세고 거래를 할 수 있게 해주므로 유용하다. 기하학은 세상을 측정할 수 있게 해준다. 대수학 덕분에 일상생활의 문제를 해결할 수 있다.

아름다움의 경우는 조금 더 모호하고 객관적이지 않은 기준처럼 보일 수 있다. 어떻게 수학 이론이 아름다울 수 있단 말인가? 기하학에서 어떤 도형들은 마치 예술 작품처럼 시각적으로 감상할 수 있다는 점을 떠올려보면, 이러한 미학적 측면을 조금 이해할 수 있다. 메소포타미아인들의 프리즈, 플라톤의 입체, 알람브라 궁전의 타일 등이 그런 경우다. 하지만 대수학은 어떤가? 대수 구조가 정말로 아름다울 수 있을까?

나는 오랫동안 수학적 대상에서 우아함이나 시적인 정취를 느끼고 감동받을 수 있는 재능은 전문가나 천부적인 소질이 있는 사람들의 소관이며, 오직 명석한 애호가들, 풀이법 한 줄 한 줄마다 자신의 것으로 흡수해서 이해할 수 있도록 이론을 연구하고 분석하는 데 충분히 많은 시간을 쓴 사람들, 추상적 개념들로 통찰력 있고 깊고 성숙한 내면을 길러온 사람들만이 파악할 수 있는 것이라고 생각했다. 이런 내 생각이 틀렸고, 그 후로 여러 기회를 통해 초심자와 아주 어린아이들조차 이 우아함에 감동할 수 있다는 사실을 확인했다.

가장 놀라운 경험 중 하나는 내가 외부 강사로서 어느 초등학교 2학년 학생들을 대상으로 특별 수업을 진행하던 날에 일어났던 일이다. 아이들은 대략 만 7세 정도였다. 아이들은 삼각형, 정사각형, 직사각형, 오각형, 육각형, 그 외에 다른 도형들을 가지고 자신들이 선택한 기준에 따라 도형을 분류하라는 과제를 받았다. 따라서 우리는 당연하게 이 도형들 각각의 변과 꼭짓점 개수를 세어보았다. 삼각형은 세 변과 세 개의 꼭짓점을, 정사각형이나 직사각형은 네 변과 네 개의 꼭짓점을 가지고 있다는 식으로 말이다. 목록을 만들면서 아이들은 재빨리 하나의 정리를 알아냈다. '다각형은 항상 변

수학에 관한 어마어마한 이야기

의 개수와 꼭짓점의 개수가 같다.'

그다음 주에 아이들이 과제를 어떻게 해결하는지 알아보려고 이상한 모양의 도형들을 가져갔는데, 그중 하나는 이런 모양이었다.

'변은 몇 개이고 꼭짓점은 몇 개인가?'라는 질문이 곧 뒤따랐다. 대다수 아이들이 네 변과 세 개의 꼭짓점이 있다고 대답했다. 도형 아래쪽의 거꾸로 뒤집힌 각은 뾰족한 구석이 없다. 우리는 위의 도형을 굴릴 수 없다. 이 각은 불뚝 튀어나왔다기보다는 움푹 들어간 모양새를 하고 있다. 따라서 이 요각凹角도 꼭짓점이라는 생각을 하기가 쉽지 않을 것이다. 아이들에게 이 점을 뭐라고 부르냐고 물어보는 일은 서로 다른 것에 같은 이름을 붙이라고 하는 격이었다. 아이들의 생각이란! 토론이 계속되었다. 이 새로운 점을 뭐라고 부를지에 대해 모든 아이들이 동의하지는 않았다. 이 점을 다른 이름으로 불러야 할까? 아니면 완전히 무시해버려도 좋은 걸까? 이러저러한 찬반 논쟁이 있었지만, 전반적으로 어떤 논리로도 대다수 아이들을 설득할 수 없을 것 같았다.

그러다 갑자기 한 아이가 다각형은 변의 개수와 꼭짓점의 개수가 같다는 정리를 기억해냈다. 만약 이 점이 꼭짓점이 아니라면, 이제 우리는 다각형은 변의 개수와 같은 수만큼의 꼭짓점을 가지고 있다고 말할 수가 없다. 내가 크게 놀란 부분은 바로 이러한 논거를 들어 이야기하자 한순간에 교실 분위기가 바뀌었다는 점이다. 몇 초 만에 모든 아이가 이 점을 꼭짓점이라고 부르는 데 동의했다. 우리의 선입견과 맞바꿔서라도 정리를 지켜내야 했다. 이렇게 간단하고 명쾌한 정리에 예외가 있다면, 그것은 너무나 유감스러운 일이 될 것이다. 내가 이제까지 지켜본, 어린이들이 수학적 우아함을 느낀 경험 중에서 가장 어린 아이들이 겪은 일화다.

'─이 아닌 경우에'라는 말은 아름답지 않다. 예외는 가슴을 아프게 한다. 문장이 간단하고 그 범위가 넓을수록 무언가 깊은 것을 확실히 이해한다는 인상을 준다. 수학이 지닌 아름다움은 여러 형태를 취할 수 있는데, 연구 대상의 복잡함부터 그 공식화의 단순함까지, 이 당혹스러운 관계로 드러난다. 아름다운 이론이란 버릴 것 하나 없는 이론이자, 임의적인 예외나 불필요한 구분이 없는 이론이다. 얼마 안 되는 것을 가지고 많은 것을 말할 수 있고, 몇 마디 단어로 본질을 확정하며, 완전무결함을 향해 나아가는 이론이 바로 아름다운 이론이다.

초등학교 교실에서 있었던 다각형과 관련된 일화는 기초적이지만, 몇 가지 간단한 규칙에 불과한 질서를 지키면서도 이론이 확장되면 확장될수록 이 우아함이라는 인상이 점점 더 강해진다. 이전 이론보다 더 복잡하다고 여길 수 있는 새로운 이론이 실제로는 더 적합하고 균형 잡힌 이론임이 밝혀질 때는 더 당혹스러울 수밖에 없다. 허수가 딱 이런 경우에 해당한다.

이차방정식을 기억하는가? 알콰리즈미의 방법에 따르면 이차방정식의 정답은 두 개일 수 있지만, 정답이 딱 하나이거나, 심지어는 하나도 없는 경우도 있을 수 있다. 허수의 개입을 고려하지 않는 한, 이는 타당한 설명이다. 허수를 감안하면 규칙이 상당히 간단해진다. 모든 이차방정식은 해가 두 개 있다! 방정식에 해가 없다는 알콰리즈미의 주장은 단지 그가 지나치게 좁은 수 체계에 갇힌 결과였다. 답이 없는 방정식은 사실 허수로 된 해 두 개를 가졌던 것이다.

그런데 더 좋은 점이 있다. 허수가 있음으로써 모든 삼차방정식은 세 개의 해를 갖게 되고, 모든 사차방정식은 네 개의 해를 갖게 되며, 그 이상의 차수도 마찬가지다. 정리하면 '방정식의 해의 개수는 방정식의 차수와 같다'라는 규칙이 성립한다. 18세기에도 이 정리가 옳다고 생각했지만, 19세기 초가 되어서야 독일 수학자 카를 프리드리히 가우스Carl Friedrich Gauss가 이를 증명했다. 오늘날 우리는 대수학의 기본 정리를 가우스의 정리라고 부른다.

알콰리즈미의 『인도 수학에 의한 계산법』이 출간된 지 천 년이 더 지난 후, 삼차방정식의 역경을 넘어서서, 그리고 사차방정식과 그 이상의 고차방정식을 기하학적 표상 없이 구상하는 어려움을 넘어서서, 마침내는 모든 방정식을 한 문장의 간단한 규칙으로 정리할

수 있으리라고 누가 생각했겠는가? '방정식의 해의 개수는 방정식의 차수와 같다.'

이것이 바로 허수가 지닌 경이로움이다! 그리고 방정식만이 허수의 덕을 보는 건 아니다. 허수의 세계에서 수많은 정리가 갑자기 숨이 멎을 정도로 간결하고 우아하게 표현된다. 수학 퍼즐의 모든 조각이 놀랍게도 서로 맞춰지는 것만 같다. 봄벨리는 아마도 '궤변적인 수'들을 옹호하면서도 자신이 다음 세대 수학자들을 위해 진정한 천국의 문을 머뭇거리며 열었으리라고는 생각지 못했을 것이다.

수학자들은 19세기에 등장하게 될 새로운 대수 구조들에서 그와 동일한 특성들을 연구한다. 보편적 법칙, 대칭, 유비類比 등 연관성을 갖고 상호 보완하며 완성되어가는 결과물들이었다. 우리가 앞에서 만들어낸 자그마한 이론은 흥미로운 이론이 되기 위한 기준을 충족시키기에는 매우 부족하다. 그 이론은 완전히 임의적이고, 거의 전부가 개별 사례다. 방정식에 대해서나 연산법칙에 대해서나 위대한 보편적 이론을 갖지 못했다. 아깝지만 어쩔 수 없다.

현대 대수학 분야에서 유명한 학자 중에 프랑스 학자인 에바리스트 갈루아Évariste Galois를 꼽을 수 있다. 갈루아는 1832년 21세의 나이에 결투를 했다가 요절한 천재로, 짧은 생애를 살았음에도 방정식의 역사에 기여할 시간은 있었다. 그는 오차방정식부터는 몇몇 방정식의 해를 알콰리즈미나 카르다노의 해법과 유사한 방식으로는 계산할 수 없다는 사실을 밝혀냈는데, 기존 해법들은 사칙연산, 제곱, 제곱근만을 사용해서 계산한 탓이었다. 갈루아의 증명에서 특히 뛰어난 대목은, 오늘날에도 갈루아 군群이라는 이름으로 계속해서 연구되고 있는 새로운 대수 구조를 생성한 것이다.

하지만 한정된 수의 기초적인 공리로부터 위대한 대수학 연구 결과를 이끌어내는 기술이라는 측면에서 아마도 가장 많은 업적을 낸 수학자는 단연 독일의 에미 뇌터Emmy Noether일 것이다. 뇌터는 1907년부터 사망한 해인 1935년까지 대수학 관련 논문을 50여 편 정도 발표했다. 그리고 뇌터의 대수 구조 선택이나 그로부터 추론한 정리들 덕분에 몇몇 논문의 저자들이 대수학을 획기적으로 발전시켰다. 뇌터는 주로 오늘날 우리가 환環, 체體, 대수代數*라고 부르는 것들을 연구했다. 이 환, 체, 대수는 적절한 특성과 관련된 연산을 각각 세 개, 네 개, 다섯 개 가지는 대수 구조이다.

이제 대수학은 추상의 차원에 진입했으니 이 책은 대학 수업과 전공 서적에 길을 비켜줄 때가 되었다.

---

* '대수algebra'라는 단어는 대수학이라는 학문 자체를 지칭하기도 하고, 특정 대수 구조를 가리키는 말이기도 하다.

12장

—

수학을 위한 언어

16세기 유럽은 흥분의 도가니였다. 르네상스가 이탈리아를 넘어 유럽 대륙 전체에 쏟아져 들어왔다. 혁신에 혁신이 더해졌고, 새로운 발견이 점점 늘어났다. 대서양 너머 서쪽에서는 스페인 범선이 신대륙을 발견했다. 계속해서 더 많은 탐험가들이 먼 곳에 있는 땅을 찾아 돌진할 때, 인문학자들은 도서관에서 시간을 거슬러 올라가 고대의 주요 고전들을 재발견했다. 종교적으로도 전통이 뒤흔들렸다. 마르틴 루터와 장 칼뱅이 이끈 종교 개혁이 커다란 성공을 거두었고, 16세기 후반에는 맹렬한 종교 전쟁이 유럽을 휩쓸었다.

1450년대에 독일의 요하네스 구텐베르크가 활판 인쇄술을 발명하자 새로운 생각들이 폭넓게 퍼져나갈 수 있었다. 이 새로운 인쇄술 덕분에 책을 많은 부수를 빨리 찍어 광범위하게 배포하는 일이

수학에 관한 어마어마한 이야기

가능해졌다. 수학 저서로서는 최초로 유클리드의 『기하학 원론』이 1482년에 베네치아에서 인쇄되었다. 활판 인쇄술은 급격한 성공을 거두었다. 16세기 초에 이르면 수백 군데 도시가 저마다 인쇄기를 보유하고 수만 권의 저서가 간행된다.

　이 격변에 과학도 적극적으로 가담한다. 폴란드 천문학자 니콜라우스 코페르니쿠스Nicolaus Copernicus는 1543년에 『천체의 회전에 관하여De Revolutionibus Orbium Coelestium』를 출간한다. 이는 청천벽력 같은 사건이었다! 코페르니쿠스는 프톨레마이오스의 천문학 체계를 순식간에 밀어내면서, 태양이 지구 주위를 도는 것이 아니라 지구가 태양 주위를 돌고 있다고 주장한다. 그 이후 몇 년 동안 조르다노 브루노Giordano Bruno, 요하네스 케플러Johannes Kepler, 심지어는 갈릴레오 갈릴레이Galileo Galilei마저 지동설을 새로운 우주 모델의 표준으로 삼아야 한다고 주장하며 코페르니쿠스의 이론을 옹호했다. 지동설을 주장하는 학자들은 가톨릭교회의 공분을 샀다. 한동안 가톨릭계는 과학의 발전을 지지했으나, 지동설에 의해 가톨릭 교의가 거짓이라고 밝혀지자 완전히 빈털터리가 되어버렸기 때문이다. 코페르니쿠스는 기지를 발휘해 죽기 직전에야 연구를 발표했지만, 브루노는 로마에서 공개적으로 화형을 당했는가 하면, 갈릴레이는 종교 재판에 회부되어 그의 의견을 철회하라고 강요받았다. 그가 재판장을 떠나면서 "그래도 돈다E pur si muove!"라고 중얼거렸다는 일화는 잘 알려져 있다.

수학은 르네상스 정신을 따라 차차 서유럽 왕국들로 상륙한다. 그리고 프랑스에도 들어온다.

물론 그전에도 프랑스인들은 수학을 했다. 갈리아인은 이십진법 수 체계를 가지고 있었고, 프랑스어로 80을 'quatre-vingts(4-20)'이라고 부르는 걸 보면 그 흔적이 남아 있음을 알 수 있다. 갈리아인을 정복한 로마인은 대단한 수학자는 아니었지만, 광대한 로마 제국을 효율적으로 통치할 만큼은 수를 충분히 잘 다룰 줄 알았다. 중세에 이어졌던 프랑크 왕국, 메로빙거 왕조, 카롤링거 왕조, 카페 왕조도 마찬가지였지만, 이때까지 프랑스는 일류 수학자를 배출한 적이 없었다. 세계 다른 지역에서는 이미 잘 알려진 주요 정리를 발견한다거나 중대한 성과를 거둔 적이 단 한 번도 없었다.

프랑스에 수학이 상륙했으니, 나에게는 곧 길을 떠날 기회가 온 셈이다. 나는 방데Vendée로 향할 것이다. 오늘 내가 프랑스 서쪽에 가서 만날 사람은 르네상스 시대 프랑스 최초의 위대한 수학자인 프랑수아 비에트François Viète이다.

퐁트네르콩트에서 12킬로미터 떨어진 푸세페레Foussais-Payré 마을은 이야깃거리가 가득하다. 이 지역이 외부의 지배를 받았던 첫 흔적은 로마 갈리아 시대로 거슬러 올라가지만, 르네상스 시대에 마을은 큰 번영을 누렸다. 많은 수공예 장인과 상인이 푸세페레 마을에 와서 정착했고, 그들의 사업은 번창했다. 이 지역의 모직과 아마와 피혁 무역에 대한 평판이 왕국 내에서 자자했다. 오늘날에도 당시의

수학에 관한 어마어마한 이야기

수많은 건축물이 훌륭하게 보존되어 있다. 인구 1000명 정도 되는 푸세페레에는 사적史蹟으로 지정된 건물이 자그마치 네 채가 있고, 그 외에도 수많은 고택들이 있다.

마을 북쪽으로 가면 라비고티에르라고 불리는 예전 소작지가 나오는데, 프랑수아 비에트는 이 지역을 아버지에게서 물려받은 덕분에 라비고티에르의 영주라는 직책을 얻을 수 있었다. 시내 중심가에 있는 생트카트린이라는 숙박 시설은 비에트 가문이 이전에 소유했던 저택으로, 프랑수아 비에트는 청소년기에 이곳에서 시간 보내기를 좋아했다. 프랑스 최초의 위대한 수학자가 성장한 이 건물에 들어서자니 어쩐지 내 가슴이 뭉클해진다. 지금은 식당으로 바뀐 큰 방 한복판에 자리한, 눈에 확 띄는 커다란 벽난로 앞에서 어린 비에트는 겨울철 수많은 저녁 시간을 보냈을 것이다. 비에트의 수학적 사고에 처음으로 불이 붙은 게 이 벽난로의 열기에서 비롯된 건 아닐까?

프랑수아 비에트는 전 생애를 푸세페레에서 보내지는 않았다. 푸아티에에서 법학을 공부한 후 리옹으로 가서 국왕 샤를 9세에게 소개되었으며, 라로셸에서 얼마간 시간을 보낸 뒤, 파리에 정착하러 떠났다.

그 시기에 종교 전쟁이 정점에 달했다. 프랑수아 비에트의 집안에서도 종교 문제로 의견이 갈렸다. 프랑수아의 아버지 에티엔 비에트는 신교로 전향한 반면, 그의 두 형제는 구교를 지지했다. 프랑수아는 이 논쟁에 관심을 보이지 않으면서 자신의 마음속 깊은 신념을 절대 드러내지 않았다. 그는 영향력이 큰 개신교 집안의 변호인으로 일하다가 궁정에서 고위 대신을 지냈다. 그가 보인 모호한 태도가 항상 좋게 보이지는 않아서, 그는 신임을 잃은 채 여러 해를 보내기도 했다. 1572년 성 바르톨로메오 축일 밤(이날 로마 가톨릭교회 신도들이 개신교 신도(위그노)들을 대거 살해했으며, 이러한 학살은 이후 수일간 계속되었다―옮긴이), 그는 파리에 있었지만 학살을 모면했다. 모든 사람에게 이런 기회가 오지는 않았다. 파리 대학에서 처음으로 수학을 소개한 인물이자 비에트에게 커다란 영향을 미친 학자 피에르 드 라라메Pierre de La Ramée는 8월 26일에 살해되었다.

비에트는 공무와는 별개로 취미 삼아 수학을 했다. 물론 그는 유클리드뿐 아니라 아르키메데스, 르네상스가 재발견한 고대 학자들의 저서를 알고 있었다. 이탈리아의 학자들에게도 관심이 있었고, 별다른 주목을 받지 못했던 봄벨리의 『알제브라 오페라』를 초기에 읽은 사람 중 한 명이기도 하다. 하지만 비에트는 봄벨리가 궤변적인 수를 소개한 부분을 의심스러운 눈초리로 바라보았다. 비에트는 평생 동안 자신의 저작을 자비로 발간했는데, 그 책들을 읽을 자격이 있다고 생각하는 사람들에게 읽히기 위함이었다. 그는 천문학이나 삼각측량법, 암호학 등에 관심이 있었다.

1591년에 비에트는 주로 '입문서Isagoge'라는 축약된 제목으로 불린 주요 저서 『해석학 입문In artem analyticem isagoge』을 출간했다. 이 책이 기념비적인 이유는 신기하게도 그가 이 책에서 전개한 정리나 수학 증명이 아닌, 그 결과를 식으로 표현하는 방식 때문이다. 그 이후 비에트는 불과 수십 년 만에 그전에는 존재하지 않던 수학적 언어를 등장시킨 인물, 말하자면 새로운 대수학을 추진하는 주요 인물이 된다.

비에트의 접근법을 이해하려면 이전 시대의 수학 저서들을 되돌아봐야 한다. 유클리드의 기하학 정리나 알콰리즈미의 대수학 방법론은 오늘날에도 매우 유용하지만, 이것들을 표현하는 방식은 완전히 바뀌었다. 이전 세대 학자들은 수학을 기술할 수 있는 특정 언어가 없었다. 우리에게 무척이나 친숙한 기본적인 사칙연산 기호(+, −, ×, ÷)를 비롯한 모든 부호가 르네상스 시대에 들어와서야 만들어졌다. 약 5000년 동안, 메소포타미아인에서 그리스인, 중국인, 인도인을 거쳐 아랍인에 이르기까지, 수학 공식에는 우리가 일상생활에서 사용하는 어휘를 그대로 가져왔다.

알콰리즈미와 바그다드의 대수학자들은 기호 하나 없이 오로지 아랍어로만 책을 썼다. 따라서 이들의 저서에서는 지금 같으면 단 몇 줄로 정리할 수 있는 추론을 여러 페이지에 걸쳐서 쓸 수밖에 없는 경우도 있었다. 알콰리즈미의 『복원과 대비의 계산』에서 소개된 다음의 이차방정식이 기억나는가?

어떤 수의 제곱수에 21을 더한 값은 그 수에 10을 곱한 값과 같다.

아래는 알콰리즈미가 이 방정식의 해법을 서술한 방식이다.

제곱과 숫자의 합은 근과 같다. 예를 들어, '제곱과 숫자 21의 합은 10근과 같다'. 즉, 제곱에다 21디르함dirham(당시 아랍권의 화폐 단위—옮긴이)을 더하면 10근이 되는 수는 무엇일까? 정답: 근의 수의 절반을 구하라. 그 절반은 5다. 여기에 그 자신을 곱하라. 그 값은 25이다. 여기에서 제곱과 연관된 21을 빼라. 나머지가 4다. 4의 근을 구하라. 2가 된다. 근의 수의 절반, 즉 5에서 2를 빼라. 3이 남는다. 이것이 여러분이 찾는 근이고, 제곱은 9이다. 여러분은 또한 근의 수의 절반을 더할 수도 있다. 합은 7이다. 이것이 여러분이 찾는 근이고, 제곱은 49이다.

이런 글을 지금 읽노라면, 문제 푸는 법을 완벽하게 알고 있는 학생들조차 머리가 지끈거릴 것이다. 알콰리즈미의 풀이법에 따르면 답은 9와 49, 두 개다.

훗날 '수사적 대수'라고 부르는 단계에 가면, 길게 늘여서 쓰는 방식뿐만 아니라 한 문장 안에서 여러 해석을 낳을 수 있는 언어의 중의성이 더 큰 문제가 된다. 추론과 증명이 복잡해질수록, 이런 방식의 글쓰기로는 문제를 다루기가 점점 더 끔찍해질 것이다.

이 같은 어려움에다가 때로 수학자가 스스로 문제를 만들기라도 하면 엎친 데 덮친 격이 된다. 예를 들어 행을 나눠서 시구로 쓴 수학자의 글을 자주 볼 수 있다. 구전 전통에서 이처럼 운문으로 된 텍스트가 종종 남아 있는데, 구전으로 지식을 전수할 때는 시의 형태를

수학에 관한 어마어마한 이야기

갖춰야 암기하기가 편했기 때문이다. 타르탈리아가 자신의 삼차방정식 해법을 카르다노에게 전했을 때, 타르탈리아는 이탈리아어로 된 12음절 시구로 자신의 해법을 작성했다. 증명이 시구로 바뀌면서 명료함을 잃은 데다, 우리는 타르탈리아가 자신의 해법을 공표하는 데 주저했다는 사실을 알기 때문에, 그가 일부러 더 이해하기 어렵게 만든 게 아닌가 하는 의심이 드는 것도 당연하다. 다음은 그 해법의 프랑스어 번역본에서 일부를 발췌한 것이다.

Quand le cube et les choses

Se trouvent égalés au nombre

Trouves-en deux autres qui diffèrent de celui-ci.

Ensuite comme il est habituel

Que leur produit soit égal

Au cube du tiers de la chose.

Puis dans le résultat général,

De leurs racines cubiques bien soustraites,

Tu obtiendras ta chose principale.

세제곱에 무언가를 더하면

어떤 수와 같을 때

이 수와 다른 두 가지를 찾으라.

그다음, 이것들의 결과물이

당연하게도 무언가의 삼분의 일에

세제곱한 값과 같다.

그러고 나면 그 일반적인 설과에서,

한 세제곱근에서 다른 세제곱근을 빼면

찾으려고 하는 그것을 얻을 것이다.

모호하지 않은가? 타르탈리아가 '무언가chose'라고 부른 것은 정확히 말하면 우리가 찾는 수, 즉 미지수다. 이 문구가 삼차방정식 문제라는 점을 잘 보여주는 대목은 '세제곱cube'이라는 단어다. 카르다노도 이 시구를 얻은 내용을 해독하는 데 매우 큰 어려움을 겪었다.

이처럼 문제가 점점 더 복잡해지면서 수학자들은 조금씩 수학적 언어를 간소화하기 시작한다. 이런 과정은 중세 후반에 이슬람 문화권에서 시작되지만, 특히 15, 16세기 유럽에서 그 세가 확장된다.

먼저 새로운 특정 수학 용어가 나타났다. 16세기 중반, 영국 웨일스 수학자 로버트 레코드Robert Recorde는 미지수를 몇 번 거듭하여 제곱하든 간에 접두사를 사용하여 나타내는 전문 용어를 제안했다. 예를 들어 미지수의 제곱은 '젠자이크zenzike', 6제곱은 '젠자이큐바이크zenzicubike', 8제곱은 '젠자이젠자이젠자이크zenzizenzizenzike'라고 불렀다.

그 후 세계 곳곳에서 저마다 나름대로 이제까지 없던 새로운 기호가 점차 성행하는데, 이것들은 오늘날 우리에게도 매우 친숙하다.

1460년경에 독일의 요하네스 비트만Johannes Widmann이 덧셈과 뺄셈을 지칭하는 데 처음으로 +와 - 기호를 사용한다. 16세기 초, 우리가 아는 타르탈리아가 최초로 계산에서 괄호 기호 ( )를 쓴다. 1557년에는 영국인 로버트 레코드가 처음으로 등호를 표시할 때 = 기호를 쓴다. 1608년에 네덜란드의 루돌프 스넬리우스Rudolph Snellius 가 정수와 소수점 이하 자리를 구분하기 위해 쉼표를 사용한다(프랑스어는 소수점 이하를 구분하는 데 마침표가 아닌 쉼표를 사용한다―옮긴이). 1621년에 영국인 토머스 해리엇Thomas Harriot이 두 수의 크기를 비교하는 데 >와 < 기호를 도입한다.

1631년에 영국인 윌리엄 오트레드William Oughtred는 곱셈을 표시하는 데 십자 모양 ×을 사용했고, 1647년에는 그 유명한 아르키메데스의 상수(원주율)를 지칭하기 위해 그리스 문자 π를 최초로 사용한다. 1659년에 독일인 요한 란Johann Rahn이 처음으로 나눗셈 기호 ÷를 사용한다. 1525년에는 독일인 크리스토프 루돌프Christoff Rudolff가 √ 기호를 써서 제곱근을 표시했으며, 1647년에 프랑스의 르네 데카르트가 여기에 선을 하나 추가해서 √ 기호를 쓴다.

물론 이 모든 기호가 한 줄 한 줄 정돈된 방식으로 사용되지는 않았다. 이 시기 동안 무수히 많은 기호가 생겨났다가 사라졌다. 단 한 번만 사용된 것도 있고 발전을 거듭하며 서로 경쟁한 것도 있다. 처음 어떤 기호가 사용된 뒤에 수학계에서 전반적으로 그 기호의 사용을 확정하기까지는 대체로 수십 년이 걸렸다. +, − 기호가 도입된 지 100년이 지난 후에도 이 기호들은 완전히 채택되지 않았으며, 많은 수학자들이 덧셈과 뺄셈을 가리킬 때 여전히 라틴어 단어 *'plus'* 와 *'minus'*의 첫 자를 따서 P와 M을 사용했다.

그렇다면 비에트는 어떨까? 프랑수아 비에트는 이 거대한 변화 속에서 촉매 역할을 한 사람이 된다. 그는 『해석학 입문』에서 대수학의 현대화를 위한 대규모 계획에 착수하여, 알파벳 문자와 함께 적는 수식, 즉 문자식을 도입해 대수학의 기틀을 세웠다. 비에트의 제안은 당황스러울 정도로 간단하다. 방정식의 미지수는 모음으로, 상수는 자음으로 표기하는 방식이다.

그러나 데카르트가 약간 다른 방식을 제안하면서 모음과 자음으로 미지수와 상수를 구분하는 비에트의 구분법은 금세 사라지고 만다. 데카르트의 제안법은 다름 아닌 알파벳의 첫 글자들(a, b, c ……)을 상수로, 마지막 글자들(x, y, z)을 미지수로 사용하자는 것이다. 오늘날에도 대부분의 수학자들이 바로 이 규약을 계속 사용하고 있고, 일상 언어에서조차 알파벳 x는 알려지지 않은 수수께끼를 지칭하는 기호로 쓰이고 있다.

이 새로운 언어로 대수학이 어떻게 변했는지 이해하기 위해 다음의 방정식을 떠올려보자.

수학에 관한 어마어마한 이야기

5를 곱하면 30이 되는 수를 찾는다.

새로운 기호 체계 덕에 이제부터 이 방정식은 몇 개의 기호만 사용해서 $5 \times x = 30$이라고 쓸 수 있다.

확실히 더 짧아졌다! 이 방정식이 더 폭넓은 범위의 방정식 중에서 하나의 특정 사례일 뿐이라는 사실을 기억하는가?

어떤 수량 (1)을 곱하여 수량 (2)가 되는 수를 찾는다.

이제 이 방정식은 $a \times x = b$로 적을 수 있다.

알파벳 앞 글자인 a와 b를 썼으므로 이 문자들이 상수라는 사실을 알 수 있고, 이 상수들을 가지고 x를 계산할 것이다. 이미 앞에서 살펴보았듯이, 이런 유형의 방정식은 두번째 상수를 첫번째 상수로 나누면 구할 수 있으며, 이를 수식으로 쓰면 $x = b \div a$가 된다.

이때부터 수학자들은 방정식 유형의 목록을 작성하고, 문자식을 풀 수 있는 규칙을 세우기 시작한다. 대수학은 점차 게임의 형태로 변하고, 이 게임에서 연산법칙이 경기 방식의 허용 여부를 결정한다. 자, 앞에 나온 방정식의 해법을 다시 살펴보자. $a \times x = b$에서 $x = b \div a$로 변하면서 문자 a는 = 부호를 기준으로 왼쪽에서 오른쪽으로 이동했고, 곱셈에서 나눗셈으로 기호가 바뀌었다. 따라서 곱셈이 있는 모든 상수가 나눗셈으로 바뀌면서 등호 반대편으로 갈 수 있는 것은 허용된 규칙이다. 유사한 규칙들이 덧셈과 뺄셈, 거듭제곱을 처리할 수 있게 해준다. 게임의 목적은 동일하다. 미지수 x의 값이 무엇인지 구하는 것이다.

이 기호 게임은 몹시 효율적이어서 대수학은 기하학으로부터 재빨리 독립한다. 이제 더는 곱셈을 사각형으로 변환해서 이해할 필요가 없고, 퍼즐 형식으로 증명하지 않아도 된다. x, y, z가 그 자리를 대신 물려받는다. 이게 전부가 아니다. 문자식은 엄청나게 효율적이어서 장차 경쟁 구도를 완전히 뒤엎으며, 얼마 안 가서 기하학은 대수학 증명에 종속된다.

프랑스인 데카르트는 가로축, 세로축으로 된 좌표 평면을 가지고 대수학을 적용해서 기하학 문제를 푸는, 간단하면서도 강력한 방법을 도입함으로써 급격한 변화를 이끌었다.

• 직교 좌표계 •

데카르트의 아이디어는 훌륭하면서도 간단하다. 도면 위에다 눈금이 있는 두 직선을 하나는 수평 방향으로, 나머지 하나는 수직 방향으로 그려서 각각의 기하학 점을 이 두 축에 따라 좌표로 나타낸다. 예를 들어 점 A를 보자.

수학에 관한 어마어마한 이야기

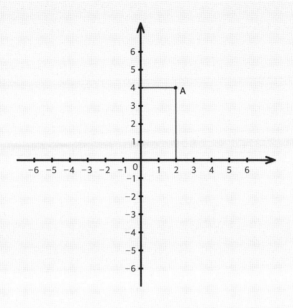

점 A는 가로축 눈금 2와 세로축 눈금 4에 위치한다. 따라서 점 A의 좌표는 2와 4다. 이러한 방식으로 기하학 점을 두 개의 수로 표현하는 것이 가능해지고, 반대로 한 쌍의 수를 한 점과 연결할 수도 있다.

기하학과 대수는 처음부터 항상 밀접한 관련을 맺었지만, 데카르트 좌표계의 도입과 함께 두 학문이 서로 융합되었다. 이제부터 모든 기하학 문제는 대수학으로 풀 수 있게 되고 모든 대수학 문제는 기하학으로 표현할 수 있게 된다.

예를 들어 다음의 일차방정식 $x+2=y$를 살펴보자. 미지수가 두 개 있는 방정식이므로, 우리는 x와 y를 구해야 한다. 예를 들어 $2+2=4$이므로, $x=2$, $y=4$가 하나의 답이 될 수 있다. 따라서 우리는 2와 4가 정확하게 섬 A의 좌표라는 사실을 알 수 있다. 그러므로 이 방정식의 해는 기하학적으로 점 A로 나타낼 수 있다.

사실 $x+2=y$는 엄청나게 많은 답이 나올 수 있는 방정식이다. 가령 $x=0$, $y=2$나 $x=1$, $y=3$ 등이 있다. 가능한 x 값에다 2를 더하면 그에 해당하는 y 값을 찾을 수 있다. 여기에 착안해서 방정식에 상응하는 모든 점을 도면 위에 표시할 수 있다. 다음은 이 점들을 표시한 좌표다.

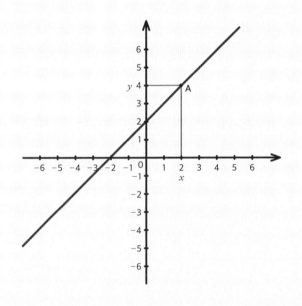

수학에 관한 어마어마한 이야기

직선이 나타난다! 직선 한 줄로 방정식의 모든 해가 완벽하게 정렬된다. 이 직선에서 벗어나는 해는 단 한 개도 없다. 따라서 데카르트의 세상에서 방정식이 이 직선의 대수학적 표상인 것처럼, 직선은 방정식의 기하학적 표상이다. 대수학과 기하학의 대상이 섞이고, 오늘날 수학자들이 '직선의 방정식 $x+2=y$'라고 말하는 것을 듣는 일은 드물지 않다. 서로 다른 것에 같은 이름을 붙이자, 대수학과 기하학은 이제 완전히 하나의 동일한 분야가 된다.

대수학과 기하학의 일치가 이루어지자, 사전 전체에서 기하학 언어의 대상이 대수학 언어의 대상으로, 또 대수학 언어의 대상이 기하학 언어의 대상으로 변환되는 현상이 발생했다. 예를 들어 기하학에서 '중점'이라고 부르는 것을 대수학에서는 '평균'이라고 부른다. 좌표 2와 4의 점 A를 찍고, 여기에 좌표 4와 −6의 점 B를 추가하자. A와 B를 잇는 선분의 중점을 찾으려면 두 좌표의 평균을 구하면 된다. A의 첫번째 좌표는 2이고, B의 첫번째 좌표는 4이므로, 중점의 첫번째 좌표는 이 두 수의 평균이라는 점을 추론할 수 있다. 즉, $(2+4)÷2=3$이다. 세로축에 대해서도 같은 방법으로 $(4+(−6))÷2=−1$을 구할 수 있다. 따라서 중점의 좌표는 3과 −1이다. 다음과 같이 좌표를 그려도 같은 결과가 나온다는 사실을 확인할 수 있다.

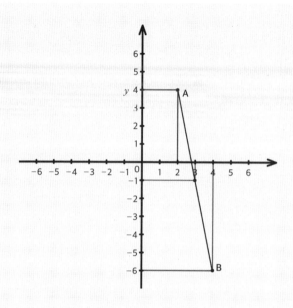

이 대수기하학 사전에서 원은 이차방정식이 되고, 두 곡선의 교차점은 연립방정식으로 구할 수 있으며, 피타고라스의 정리, 삼각법 작도, 퍼즐 분할 등은 다양한 문자식으로 변한다.

요컨대 이제 기하학을 하기 위해 도형을 그릴 필요 없이 대수학 계산이 그 자리를 차지하는데, 대수식이 훨씬 더 빠르고 편리하다!

그 이후로 몇 세기 동안 데카르트 좌표계는 수많은 성공을 거두었다. 매우 아름다운 성공 중 하나는 아마도 고대부터 수학자들이

수학에 관한 어마어마한 이야기

애썼지만 풀지 못한 추측인 원의 구적법을 해결한 일일 것이다.

자와 컴퍼스를 이용해서 원과 똑같은 넓이를 가진 정사각형을 그릴 수 있을까? 3000년도 더 전에 아메스 서기가 이 문제에 도전했지만 해결하지 못했던 것을 기억하는가? 그다음에는 중국인과 그리스인이 원의 구적법을 풀려고 했지만 성공하지 못했고, 수세기의 시간이 흐르면서 이 문제는 수학자들이 풀어야 할 중요한 추측 가운데 하나가 되었다.

직교 좌표계의 도입으로 자로 작도한 직선들은 일차방정식으로 변환되고, 컴퍼스로 그린 원은 이차방정식 문제가 된다. 따라서 원의 구적법 문제는 대수적 관점에서 다음과 같은 방식으로 제기할 수 있다. π가 해인 일련의 일차방정식이나 이차방정식을 찾을 수 있을까? 이렇게 새로운 접근법으로 원의 구적법 연구를 재개했는데도 문제가 여전히 간단치 않았다.

마침내 독일 수학자 페르디난트 폰 린데만Ferdinand von Lindemann이 1882년에 이 문제에 종지부를 찍었다. π는 일차방정식이나 이차방정식의 해가 될 수 없고, 따라서 원의 구적법을 도출하기는 불가능하다는 것이다. 오늘날까지도 가장 오랫동안 수학자들을 골치 아프게 했던, 추측이라는 이름을 달고 있던 원의 구적법 문제가 비로소 해결되었다.

직교 좌표계는 입체기하학으로 쉽게 확장될 수 있다. 3차원에서 각 점은 세 개의 좌표로 나타낼 수 있으므로, 같은 방식으로 대수학

을 기하학으로 변환시킬 수 있다

4차원으로 넘어가면서부터는 문제가 좀 더 미묘해진다. 우리를 둘러싼 물리적 세상 전체가 3차원에 지나지 않기에, 기하학에서 4[1]도형을 나타내기란 불가능하다. 반면 대수학에서는 문제가 되지 않는다. 4차원상에서 한 점은 단지 수 네 개의 목록일 뿐이다. 그리고 당연히 모든 대수학 방법론은 4차원에 적용된다. 예를 들어 좌표가 1, 2, 3, 4인 점 A와 5, 6, 7, 8인 점 B가 있다고 하면, 중점의 좌표가 3, 4, 5, 6이라는 사실을 확인하기 위해 큰 어려움 없이 이 수들의 평균을 구할 수 있다. 20세기에 오면 알베르트 아인슈타인Albert Einstein의 상대성 이론이 시간을 모델링하기 위해 네번째 좌표를 사용하면서 4차원 기하학을 활용하기에 이른다.

그리고 우리는 계속해서 같은 방식을 이어갈 수 있다. 수 다섯 개의 목록은 5차원상의 한 점이다. 여섯번째 수를 더하면 6차원이 된다. 이 과정에는 어떠한 한계도 없다. 수 1000개의 목록은 1000차원 공간의 한 점이다.

이쯤 되면 기하학과 대수학의 유사성이 실제로는 어떤 효용성도 없고 단순히 웃기는 말장난처럼 보일 수 있다. 그러나 그것은 오해다. 수치 자료의 긴 목록이 연구 대상인 통계학을 비롯해 수많은 응용 분야에서 기하학과 대수학의 일치를 활용한다.

예를 들어 인구 통계 자료를 연구한다면, 한 집단 내에서 신장, 체중, 식습관 등 몇 가지 특성이 평균을 중심으로 어떻게 변동하는지

수학에 관한 어마어마한 이야기

를 수량으로 표시하고 싶을 수 있다. 기하학적으로 이 질문을 해석하면, 이는 각 개인과 관련된 자료의 목록을 나타내는 첫번째 점과 평균 목록을 나타내는 두번째 점, 이 두 점 사이의 거리를 계산하는 문제다. 그러므로 집단 내 개인의 수만큼 좌표가 있다. 따라서 피타고라스의 정리를 적용할 수 있는 직각삼각형을 이용해서 계산이 이루어진다. 그러므로 1000명으로 구성된 집단의 표준편차를 계산하는 통계학자는 종종 자신도 알지 못하는 사이에 1000차원에서 피타고라스의 정리를 사용한다! 이 방법은 진화생물학에서 두 동물 개체군 사이의 유전적 차이를 계산할 때 적용된다. 기하학에서 비롯된 공식을 사용해, 수의 목록 형식으로 된 유전자 코드 사이의 거리를 측정하면, 다른 종 사이의 상대적 유사성을 설정할 수 있으며, 여기에서부터 생물의 계통수를 점차 추론할 수 있다.

우리는 심지어 무한개의 수 목록, 즉 무한 차원의 점까지 탐험을 확장할 수 있다. 사실 우리는 이에 대해 이미 알고 있다. 예컨대 피보나치수열이 무한 차원의 탐험에 해당한다. 레오나르도 피보나치는 피보나치수열의 토끼를 연구하면서 이것이 무한대 공간에서의 기하학이라는 사실을 알지 못했다. 특히 18세기 수학자들은 바로 이 기하학적 변환을 통해, 피보나치수열과 황금비 사이에 숨어 있어서 알아채기 힘들었던 상관관계를 최대한 명쾌하게 정립했다.

13장

—

세계의 알파벳

"철학은 우리 눈앞에 항상 펼쳐져 있는 이 거대한 책에 적혀 있다. 나는 우주를 이야기하고 싶지만, 우리가 우주의 언어를 이해하는 데 열중하지 않고 우주에 적혀 있는 문자를 알아내는 데 전념하지 않는다면, 우리는 우주를 이해할 수 없다. 우주는 수학적 언어로 쓰여 있고, 수학적 언어의 문자는 삼각형, 원, 그 밖의 도형들이며 이것들 없이는 인간으로서 한 단어도 이해할 수 없다."

과학의 역사에서 가장 유명한 구절인 이 글은 갈릴레이가 1623년에 『분석자*Il Saggiatore*』에서 쓴 것이다.

갈릴레이는 이견의 여지없이 모든 시대를 통틀어 아주 많은 책을 쓴 학자이자 매우 혁신적인 과학자 중 한 사람이다. 그는 일반적으로 현대 물리학의 창시자로 평가된다. 적어도 그의 경력은 굉장히 인상적이라고 말할 수 있을 것이다. 천체망원경 발명가. 토성의 고리, 태양의 흑점, 금성의 위성, 목성의 4대 위성 발견자. 그는 코페르니쿠스의 지동설을 옹호한 주요 인사였고, 오늘날 그의 이름을 딴 상대성 운동 법칙을 서술했으며, 처음으로 물체의 낙하를 실험을 통해 연구했다.

『분석자』는 당시 수학과 물리학 사이에 굉장히 강한 연관성이 있음을 보여주었다. 갈릴레이는 처음으로 이 연관성을 연구한 사람들 중 한 명이다. 그는 열아홉의 나이에 타르탈리아의 제자였던 오스틸리오 리치Ostilio Ricci에게서 수학을 배웠으니 좋은 학교에 다녔던 셈이다. 다음 세대의 과학자들이 갈릴레이의 뒤를 따랐고, 이들에게 대수학과 기하학은 다른 방법은 생각할 수 없을 정도로 확실히 세상을 표현하는 언어가 된다.

수학과 물리학 사이에 새로 생긴 관계의 성질은 분명히 할 필요가 있다. 물론 우리가 이미 역사의 초창기부터 누누이 확인했던 것처럼, 수학은 언제나 세상을 연구하고 이해하기 위해 사용되었다. 하지만 17세기에 일어난 일은 근본적으로 새로운 것이었다. 그전에는 수학적 모델이란 현실 세계 그 자체가 만들어낸 것이 아니라 인간이 구축한 현실세계의 복사본에 지나지 않았다. 메소포타미아 측량사들이 직사각형 모양의 밭을 측정하기 위해 기하학을 사용했을 때, 그 밭은 인간에 의해 그려진 것일 뿐이다. 농부가 그곳에 직접 직사각형을 만들기 전에 그 직사각형은 아직 자연의 것이 아니었다. 게다가 지리학자들이 지도를 작성하기 위해 어떤 지역에서 삼각측량을 할 때, 지리학자들이 고려하는 삼각형은 순전히 인위적이다.

인간보다 먼저 존재하는 세상을 수학화하는 일은 완전히 다른 도전이다. 물론 몇몇 학자들은 고대에 이를 시험 삼아 해본 적이 있다. 떠올려보면, 다섯 가지 정다면체를 우주 및 네 가지 요소[불, 땅, 공기, 물—옮긴이]와 연관시켰던 플라톤을 예로 들 수 있다. 피타고라스학파가 특히나 이러한 종류의 해석에 열광했지만, 그들의 이론은 대체로 진지한 구석이라고는 없었음을 인정해야 한다. 피타고라스학파의 이론은 순수하게 형이상학적인 의견이었고 단 한 번도 실험적으로 검증되지 않았기에 그들 이론의 대부분이 결국에는 거짓으로 판명되었다.

17세기 학자들은 가장 깊숙이 숨겨져 있는 비밀스러운 자연의 작동 원리를 통해 자연 자체가 정확한 수학적 법칙을 따른다는 사실을 이해하고는, 실험을 통해 이 법칙들을 밝혀낸다. 당시에 나타난 가장 괄목할 만한 성과 중 하나는 의심의 여지없이 아이작 뉴턴Isaac Newton이 발견한 만유인력의 법칙이다.

『자연철학의 수학적 원리Philosophiæ naturalis principia mathematica』에서 뉴턴은 지상에서 이루어지는 물체의 낙하와 천체에서 이루어지는 행성의 공전을 동일한 현상으로서 설명할 수 있다는 점을 최초로 이해한다. 우주에 존재하는 모든 사물은 서로를 끌어당긴다. 이 힘은 조그만 물체에서는 좀처럼 탐지할 수 없지만, 행성이나 항성처럼 큰 물체에서는 잘 드러난다. 물체가 떨어지는 것은 바로 지구가 사물을 끌어당기기 때문이다. 마찬가지로 지구는 달을 끌어당기고, 달도 어떤 식으로든 떨어진다. 하지만 지구는 둥글고 달은 매우 빠른 속도로 던져지므로 달이 지구 주위로 끊임없이 떨어지고, 바로 이 때문에 달은 지구 주위를 둥글게 돈다. 행성이 태양 주위를 도는 것도 같은 원리다.

뉴턴은 이 만유인력의 법칙을 기술하는 데 만족하지 않는다. 그는 물체가 서로 잡아끄는 힘의 강도를 명시한다. 그리고 이를 수학 공식으로도 명시한다. 어떤 두 물체를 끌어당기는 힘은 질량의 곱에 비례하고 그 둘 사이 거리의 제곱에 반비례한다. 비에트의 문자식 덕분에 이를 다음과 같이 쓸 수 있다.

$$F = G \times \frac{m_1 \times m_2}{d^2}$$

이 공식에서 F는 힘의 강도이고, m_1과 m_2는 우리가 끌어당기는 힘을 연구하는 두 물체의 질량이며, d는 두 물체 사이의 거리다. 상수 G는 0.0000000000667이다. G 값이 매우 적은 것은 작은 물체 사이에서는 이 힘을 느끼기 힘들며, 끌어당기는 힘(인력)을 느끼려면 행성과 항성처럼 거대한 질량이 필요하다는 사실을 설명해준다. 게다가 여러분이 어떤 물체를 들어올릴 때마다, 지구 전체가 그 물체를 끌어당기는 힘보다 여러분의 근육이 가진 힘이 더 크다는 사실을 증명한다는 점을 생각해보라!

일단 공식을 한번 세우면 물리학 문제는 수학 문제로 바뀐다. 이런 식으로 천체의 경로를 계산하고, 특히 이 천체가 어떻게 이동할지 예측하는 것이 가능해진다. 다음 월식이나 일식이 언제 나타날지 아는 일은 대수 방정식의 미지수 값을 구하는 것과 같다.

그 이후 수십 년 동안 뉴턴의 공식은 수많은 성공을 거둔다. 만유인력의 법칙을 통해 지구의 극점이 살짝 평평하다는 사실을 확인할 수 있었고, 삼각측량법으로 자오선을 측정한 측량사들이 이를 확실히 확인해주었다. 하지만 뉴턴 이론이 거둔 가장 눈부신 성공은 핼리 혜성의 귀환을 계산한 것이다.

고대부터 학자들은 하늘에 무작위로 나타나는 행성을 관찰하고 기록했다. 이 현상을 설명하는 데 두 학파가 맞섰다. 아리스토텔레스학파는 혜성을 대기 현상, 즉 지구에서 상대적으로 가까운 곳에서 일어나는 현상이라고 생각한 반면, 피타고라스학파는 혜성을 일종의 행성, 즉 꽤 멀리 떨어진 물체라고 봤다. 뉴턴이 『자연철학의 수학적 원리』를 출간했을 때에도 논란은 여전히 종결되지 않았고, 두 학파의 학자들끼리 이 주제를 가지고 치고받고 싸우기를 계속했다.

혜성이 멀리서 태양 주위를 공전하는 천체라는 사실을 입증하는 방법 중 하나는 혜성이 지구에 돌아오는 주기를 찾아내는 것이었다. 회전하는 물체는 규칙적으로 같은 지점을 통과해야 한다. 불행하게도 18세기 초에는 이러한 종류의 규칙성이 전혀 발견되지 않았다. 그러다가 1707년에 뉴턴의 친구인 영국 천문학자 에드먼드 핼리 Edmund Halley가 자신이 아마 무엇인가를 찾은 것 같다고 발표했다.

핼리는 1682년에 처음엔 그다지 대단해 보이지 않는 혜성 하나를 발견했다. 그러나 그다음 해에는 프랑스를 방문해 파리 천문대에서 카시니 1세를 만나 그와 함께 혜성의 주기적 회귀 가설을 논의했다. 핼리는 천문학 문헌을 파고들었고, 마침내 그중에서 다른 두 번의 혜성 출현에 관심을 집중했다. 하나는 1531년에 있었고 다른 하나는 1607년에 있었다. 76년이라는 같은 간격으로 세 번에 걸쳐 1531년, 1607년, 1682년에 혜성이 나타난 것이다. 만약 이게 모두 같은 혜성이라면? 핼리는 승부를 걸어, 1758년에 이 혜성이 다시 돌아올 것이라고 발표했다.

51년을 기다려야 한다니! 기다림은 견디기 힘들고 평탄하지만은 않다. 다른 학자들은 이 시간을 이용해 핼리의 예측을 정교하게 다듬었다. 목성과 토성이라는 거대한 두 행성 사이의 만유인력이 혜성의 경로에 약간의 변화를 줄 가능성이 제기되었다. 천문학자 제롬 랄랑드Jérôme Lalande와 수학자 니콜-렌 르포트Nicole-Reine Lepaute는 1757년에 뉴턴의 방정식에서 시작해 알렉시 클레로Alexis Clairaut가 발전시킨 모델을 바탕 삼아 밤낮 없이 계산을 한다. 계산 과정은 길고 지루했으며, 여러 달 후 세 학자는 마침내 1759년 4월에 한 달이라는 오차 범위 내에서 혜성이 태양과 가장 가까운 곳에 나타날 것이라는 예측을 내놓았다.

　그런 뒤에 믿을 수 없는 일이 생겼다. 예정된 시간에 혜성이 나타났고, 혜성이 뉴턴과 에드먼드 핼리의 승전보를 하늘에다 수놓는 광경을 전 세계가 목격했다. 혜성은 클레로, 랄랑드, 르포트가 계산한 주기대로 3월 13일에 태양 옆을 지나갔다. 불행하게도 핼리는 오늘날 자신의 이름을 딴 혜성의 복귀를 볼 만큼 오래 살지 못했지만, 만유인력 이론과 이를 통한 물리학의 수학화가 믿을 수 없을 만큼 큰 힘을 가졌다는 눈부신 증거를 제시했다.

　세상 만물의 수학화에 대한 견해를 제외하고, 갈릴레이가 『분석자』에서 혜성이 대기 현상이라는 설을 지지한 점은 역사의 아이러니다. 사실 이 책은 그러기 몇 해 전에 반대 견해를 옹호했던 오라치오 그라시Orazio Grassi라는 수학자에게 갈릴레이가 내놓은 답변이었다. 갈릴레이의 명성과 책의 강한 논쟁적 어조 덕에 『분석자』는 당시에 베스트셀러가 됐지만, 인기와 성공이 진리의 동의어는 아니다. 그라시가 갈릴레이에게 "그래도 돈다……"라고 대답했을지도 모를 일이다.

　이 일화는 갈릴레이의 오류뿐 아니라, 당시 시행되던 과학적 절차가 얼마나 대단했는지를 아주 잘 보여준다. 과학적 방법의 결론은 그것을 시행한 학자가 설령 갈릴레이라 하더라도 그의 기존 의견에 좌우되지 않는다. 물질계 내 모든 사물의 성질과 마찬가지로 혜성의 실제 성질은 인간이 그것에 대해 어떻게 생각하는지와 상관이 없다.

고대에는 유명한 학자가 실수를 하더라도 권위가 논증의 자리를 대신하여, 수많은 제자들이 보통은 군말 없이 그를 따랐다. 간단한 실험을 통해 기존의 통념이 거짓이라고 반박하고 그 통념을 내몰기까지는 대체로 몇 세기라는 시간이 걸렸다. 반면 갈릴레이가 한 실수가 수십 년 만에 밝혀졌다는 것은 과학계가 건강하다는 신호였다.

우리가 앞서 살펴본 것처럼 행성의 경로를 예측하는 일과, 전혀 모르는 천체의 경로를 계산하는 일은 별개의 문제다. 천문학에서 수학이 거둔 커다란 성공의 대열에서 19세기에 이루어진 해왕성의 발견을 언급하지 않을 수 없다. 태양계의 여덟번째 행성이자 마지막 행성인 해왕성은 관측이 아닌 계산으로 발견된 유일한 행성이다. 이 공로는 모두 프랑스의 천문학자이자 수학자인 위르뱅 르베리에Urbain Le Verrier의 덕이다.

당시에 알려진 바로는 태양계에서 마지막 행성이던 천왕성 궤도에 불규칙성이 존재한다는 사실을 18세기 말부터 여러 천문학자들이 알아차렸다. 천왕성은 만유인력의 법칙에 따라 계산된 궤도와 정확하게 일치하지 않았다. 여기에 대해서는 두 가지 설명만이 가능했다. 뉴턴의 이론이 틀렸거나, 아직 알려지지 않은 다른 천체가 이 간섭의 주범이거나. 르베리에는 천왕성이 관측된 경로에서 시작해 새로운 행성의 가설상 위치를 계산하는 데 전념했다. 그 값을 구하기까지 2년이라는 시간을 연구에 몰두했다.

그러자 진실이 밝혀지는 때가 왔다. 1846년 9월 23일에서 24일로 넘어가는 밤에, 독일 천문학자 요한 고트프리트 갈레Johann Gottfried Galle는 르베리에가 알려준 방향으로 망원경을 놓고 렌즈에 눈을 가져다 댔고, 행성을 보았다. 생각지도 못했던 밤하늘 깊숙한 곳에 숨은 푸르스름한 작은 반점. 지구에서 40억 킬로미터 이상 떨어진 곳에 행성이 있었다!

그날 위르뱅 르베리에는 대체 얼마나 황홀했을까? 그는 우주의 강력한 힘에 어떤 인상을 받았을까? 측정할 수 없을 만큼 크게 감동했을까? 르베리에는 그의 펜촉 끝에서부터 시작해 자신이 세운 방정식의 힘으로 태양계 행성들의 거대한 움직임을 파악하고 포착하는 법, 심지어는 거의 통제하는 법까지 알아냈다. 수학을 통해서, 대수학의 손길이 닿자 이전에는 신이라고 여겨지던 천체라는 괴물이 갑자기 갸릉갸릉 하는 온순한 고양이처럼 길들이고 훈련시킬 수 있는 존재가 되었다. 그다음 며칠 동안 전 세계 천문학계가 빠져들었을 흥분의 도가니, 그리고 오늘날에도 해왕성 쪽으로 망원경을 두고 아마추어 천문학자들이 느낄 전율을 쉽게 짐작할 수 있다.

과학 이론의 수명에는 단계가 있다. 먼저 안개가 낀 것처럼 시야가 불투명하지만 아이디어를 차근차근 구성해가는 단계인 가설과 망설임, 오류의 시간이 있다. 그다음에는 확인의 시간으로, 방정식이 유효한지 아닌지 실험하고 최종적으로 이론을 확인하거나 기각하는 냉엄한 심판의 시간이다. 그 후에 비상과 자립이 있다. 더는 세

수학에 관한 어마어마한 이야기

상을 보지 않고도 감히 세상에 대해 말할 수 있을 만큼 이론이 충분히 확신을 가지는 순간. 방정식이 실험에 앞서, 아직 관찰되지 않았고 기다리지도 않았으며, 심지어 기대하지도 않은 현상을 예측하는 순간. 이론이 발견의 대상에서 발견의 주체가 되고, 이론을 창시한 학자와 거의 동료에 가까운 관계가 되어 동맹을 맺는 순간. 자, 이렇게 이론은 충분히 무르익었고, 이제 핼리 혜성과 해왕성의 시간왔다. 1919년 5월 29일에 상대성 이론에 승리를 가져다줄 아인슈타인의 일식의 시간, 2012년 입자물리학에서 표준 모형의 예측과 일치하는 힉스 입자를 발견한 시간, 2015년 9월 14일 처음으로 탐지된 중력파의 시간이기도 하다.

모든 위대한 과학적 발견이 충분히 자라나서 적법성을 인정받으려면, 수학, 대수 방정식, 기하학 도형이 꼭 필요하다. 수학은 있을 법하지 않은 힘을 증거로 제시하는 법을 알았고, 오늘날 진지한 물리학 이론 중 어떤 이론도 감히 수학 외에 다른 언어로 표현될 수 없을 것이다.

• 결정학 結晶學 •

우리가 지금부터 오래된 지식을 다시 한번 발견하게 될 화학계에도 세상 만물의 수학화는 큰 충격을 안겼다. 19세기 초에 프랑스 광물학자 르네 쥐스트 아위René Just Haüy는 방해석_{方解石} 조각을 떨어뜨리면 모두 같은 기하학 구조를 가진 수많은 파편으로 깨진다는 사실을 알게 된다. 방해석 조각은 무작위로 깨지는 것이 아니라, 일정한 각도를 가진 평면 형태로 깨진다. 아위는 이러한 현상이 나타나려면 방해석 조각이 똑같이 생긴 요소가 무수히 많이 모여서 만들어지되, 그 구성 요소가 완벽한 균형을 이루며 서로 결합된 상태여야 한다고 추론한다. 이러한 특성을 가진 고체를 '결정crystal'이라고 부른다. 다른 말로 하면 현미경으로 관찰한 결정은 모든 방향에서 동일하게 반복되는 여러 개의 원자나 분자 무늬로 구성되어 있다.

반복되는 무늬? 머릿속에 무언가 떠오르지 않는가? 결정의 원리는 놀랍게도 메소포타미아의 프리즈 및 아랍 타일과 닮았다. 프리즈는 한 방향으로 반복되는 문양이고, 타일은 양방향으로 진행된다. 따라서 결정을 연구하려면 그와 동일한 원칙을 적용하면 되는데, 단지 이번에는 3차원이라는 점이 문제다. 메소포타미아의 도공들은 일곱 가지 유형의 프리즈가 있다는 사실을 알아냈고, 아랍 예술가들은 열일곱 가지 유형의 타일을 발견했다. 대수 구조 덕에 이제는 일곱 가지 프리즈와 열일곱 가지 타일이 최적의 수임을 증명할 수 있다. 일곱 개와 열일곱 개, 그 이상은 없다. 마찬가지로 대수 구조를 통해 3차원으로 된 타일에는 230가지 유형이 있다는 점이 확인되었다. 가장 간단한 것들 중에서 예를 들어 다음과 같이 정육면체, 육각기둥, 깎은 정팔면체° 모양의 타일을 찾을 수 있다.

**(왼쪽에서 오른쪽으로) 정육면체, 육각기둥, 깎은 정팔면체 블록.
이 블록들은 (3차원) 공간에서 무한히 확장될 수 있다.**

매번 이 도형들은 구멍 하나 없이 완벽하게 끼워 맞춰서 쌓아올릴 수 있으며, 모든 방향으로 무한히 확장되는 구조로 이루어져 있다. 메소포타미아 도공들의 기하학적 성찰이 물질의 특성 연구에 필요한 핵심 요소의 토대를 내포했으리라고 누가 생각이나 했겠는가?

결정은 우리의 일상 도처에 존재한다. 많은 사례를 찾을 수 있는데, 그중에서 무수히 많은 작은 염화나트륨 결정으로 구성되어 있는 소금을 들 수도 있고, 쿼츠quartz 시계의 필수 불가결한 구성 요소로, 전기 신호를 가하면 매우 규칙적으

• 정팔면체는 우리가 앞에서 이미 살펴본 플라톤의 다섯 가지 입체 중 하나다. 깎은 정이십면체 (혹은 축구공)가 정이십면체의 꼭짓점을 잘라서 만들어지는 것과 같은 방식으로, 정팔면체의 꼭짓점을 잘라내면 깎은 정팔면체를 얻을 수 있다.

로 진동을 보이는 석영을 들 수 있다. 그렇지만 일상 언어에서 결정(크리스털)이라는 단어가 때로는 과도하게 사용된다는 데 주의해야 한다. 예를 들어 우리가 크리스털 유리라고 부르는 것은 사실 과학적인 의미에서는 크리스털, 즉 결정이 아니다.

만약 여러분이 더 화려한 표본을 감상하고 싶다면 언제든지 광물 소장품을 보유하고 있는 곳을 방문할 수 있다. 파리에 있는 피에르와 마리 퀴리 대학교Université Pierre et Marie Curie에는 세계에서 손꼽히는 아름다운 소장품이 있다.

하지만 세상 만물의 수학화가 번득일 만큼 효율적이라고 해도 다음의 당혹스러운 질문에 대한 답이 되지는 않는다. 어떻게 세상을 기술하는 데 수학적 언어가 이렇게 완벽하게 들어맞을 수 있단 말인가? 바로 이 놀라운 점을 잘 이해하도록 뉴턴 공식을 다시 살펴보자.

$$F = G \times \frac{m_1 \times m_2}{d^2}$$

그러니까 중력의 강도는 곱셈 두 번, 나눗셈 한 번, 제곱 한 번으로 구성된 공식으로 기술할 수 있다. 이렇게 간결하게 표현할 수 있다니, 일어날 수 없는 요행처럼 보인다! 우리는 모든 수가 간결한

수학에 관한 어마어마한 이야기

수학 공식으로 표현되지는 않는다는 점을 잘 알고 있다. 예를 들어 π를 비롯해 다른 많은 경우가 그러하다. 나아가, 통계 쪽에서 보면 복잡한 수가 간단한 수보다 훨씬 더 많다. 여러분이 무작위로 수 하나를 선택한다면, 그 수가 정수일 확률보다 소수일 확률이 훨씬 더 높을 것이다. 마찬가지로 유한소수일 확률보다 무한소수일 확률이 더 높을 것이고, 사칙연산으로 계산할 수 있는 수보다 어떤 공식으로도 표현할 수 없는 수일 확률이 더 높을 것이다.

뉴턴의 공식에서 힘은 물체 사이의 거리와 질량에 따라 달라지므로, 뉴턴의 공식은 이보다 훨씬 더 놀랍다. 뉴턴 공식은 π처럼 단순한 상수는 아니다. 그렇지만 두 물체의 질량과 거리가 어떻든지 간에 두 물체 사이에 작용하는 만유인력은 항상 같은 공식으로 구할 수 있다. 뉴턴이 만유인력의 법칙을 정립하기 전에는 힘의 강도를 수학 공식으로 완벽하게 나타낼 수 없다고 생각하는 것이 합리적이었을 것이다. 그리고 수학 공식으로 이를 표현할 수 있었더라도 아마 곱셈, 나눗셈, 제곱보다 훨씬 더 괴물 같은 연산으로 구성된 복잡한 공식이었으리라.

뉴턴 공식이 이렇게 간단하게 표현된다는 것이 얼마나 행운인가. 그리고 자연이 이렇게 우아하게 수학적 언어를 구사하는 것은 얼마나 신비로운가. 오직 그 아름다움만을 위해 수학자들이 만든 모델을 몇 세기가 지난 다음 물리학에 적용시키는 경우를 흔히 볼 수 있다. 그리고 이러한 신비는 만유인력이 끝이 아니다. 전자기 현상, 기본

입자의 양자 원리, 시공간의 상대론적 변형 같은 현상은 모두 기막히게 간결한 수학적 언어로 표현할 수 있다.

모든 공식을 통틀어 가장 유명한 $E = mc^2$을 보자. 알베르트 아인슈타인이 정립한 이 등식은 모든 물체의 질량과 에너지 사이에 등가를 성립시킨다. 나는 지금 이 공식을 설명하지는 않을 것이고, 이 공식을 설명하는 게 우리의 목적은 아니다. 하지만 일반적으로 우주의 작동 원리 중에서 가장 심오하고 가장 매력적인 이 원칙이 겨우 다섯 가지 기호로 된 대수 공식으로 표현된다는 점을 한번 생각해보라. 이 얼마나 기적 같은 일인가. 아인슈타인은 이 같은 현상에서 가장 놀라운 점을 한마디로 요약했다. "이 우주에서 가장 이해할 수 없는 일은 우리가 우주를 이해할 수 있다는 사실이다." 그 이해는 수학을 통해 할 수 있다. 1960년에 물리학자 유진 위그너Eugene Wigner는 '수학의 비합리적 효율성'에 대해 언급하기도 했다.

자, 우리가 만들어냈다고 생각한 수, 도형, 수열, 공식 등 추상적인 대상들을 이제 드디어 잘 알게 된 걸까? 수학이 진짜 우리 뇌에서 만들어진 산물이라면, 왜 우리 뇌 너머에서 방황하는 유령들을 발견하는 걸까? 이 유령들은 물질계에서 뭘 하는 걸까? 진짜 존재하기는 한 걸까? 현실의 유령들한테서 거대한 착시를 보고 있는 건 아닐까? 수학적 대상이 인간의 사고 바깥에서 실제로 존재하는 형태를 갖추고 있다고 생각한다면, 수학적 대상이 순전히 추상적일 뿐이라 해도 결국 그 대상에게 '현실'을 부여하는 일이 될 것이다. 물질적인 측면이라고는 전혀 없는 수학적 대상에 우리가 실체를 부여했다면, '존재하다'라는 동사의 뜻은 대체 어떻게 되는 건가?

이 질문들에 대한 답의 아주 작은 실마리라도 제공하는 일을 내게 기대하지는 마시길.

14장

—

무한히 작은 것

수학과 물리학의 긴밀한 협력은 한 방향으로만 지속되지는 않는다. 17세기부터 두 학문은 멈추지 않고 아이디어를 교류하며 서로가 서로에게 양분이 되어준다. 물리학은 공식을 엄청 좋아해서, 새로운 발견을 할 때마다 그 뒤에 숨어 있는 수학적 질문을 던진다. 수학은 이미 존재하는가, 아니면 계속 만들어지는 것인가? 두번째 경우라면 수학자들은 그때그때 맞춰서 새로운 이론을 다듬어야 하는 과제를 안게 된다. 그리하여 수학자들은 물리학에서 가장 아름다운 영감의 원천 중 하나를 발견하기에 이른다.

뉴턴의 만유인력의 법칙은 처음으로 수학에 혁신을 요구한다. 이 사실을 이해하기 위해 핼리 혜성의 자취를 찾아 다시 떠나보자. 태양 방향으로 혜성을 끌어당기는 힘을 아는 일, 그리고 이 힘을 알게 된 다음에 혜성의 경로와 특정 날짜의 혜성 위치, 정확한 주기 등 유용한 정보를 도출하는 일은 별개의 문제다.

이처럼 답을 찾아야 하는 전형적인 문제 중 하나는 다름 아니라 속도에 따라 혜성이 얼마만큼 이동했는지 그 거리를 구하는 문제다. 핼리 혜성이 초속 2000미터로 우주를 날아간다고 말해주고 1분 만에 혜성이 가게 될 거리를 구하라고 하면, 답은 상대적으로 간단하다. 혜성은 1분 만에 2000미터의 60배, 즉 12만 미터 혹은 120킬로미터를 날아갈 것이다. 문제는 현실이 이보다 복잡하다는 것이다. 혜성의 속도는 고정되어 있지 않고 시간의 흐름에 따라 다르다. 태양으로부터 가장 멀리 떨어진 위치인 원일점에서 혜성의 속도는 초속 800미터인 반면, 태양에서 가장 가까운 지점인 근일점에서는 초속 5만 미터다. 차이가 엄청나다!

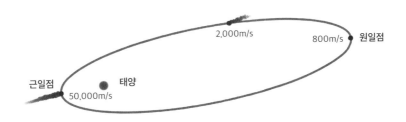

게다가 혜성이 원일점과 근일점 사이에서 단 한 순간도 고정 속도를 유지하지 않은 채 점진적으로 빨라지기 때문에 문제가 미묘해진다. 예를 들어 혜성이 초속 2000미터로 날아가는 순간이 있지만, 이 속도는 지속되지 않는다. 그 순간 바로 직전에는 혜성의 속도가 조금 더 빠른, 가령 초속 2,000.001미터였고, 그 직후에는 이미 1,999.999m/s미터가 되었다. 이러니 아무리 삭은 구간으로 나눈들, 혜성이 일정한 속도를 유지히는 구간을 포착하기란 불가능하다. 이런 조건에서 혜성이 이동한 거리를 정확하게 계산하려면 어떻게 해야 할까?

이 질문에 대답하기 위해, 신기하게도 수학자들은 아르키메데스가 2000년 전에 π를 계산하기 위해 썼던 방법과 비슷한 방법을 쓴다. 아르키메데스가 다각형에서 변의 개수를 점차 늘려 원에 가까워지게 했던 것처럼, 혜성의 속도를 단계별로 나누어 점점 더 짧은 간격으로 혜성이 지나간다고 생각하면 실제 경로에 가까워질 수 있다는 말이다. 예를 들어 일정한 시간 동안 초속 800미터로 고정 속도를 유지하고, 그다음에 갑자기 얼마 동안 초속 900미터가 되고, 마찬가지로 계속 같은 방법으로 혜성의 속도가 바뀐다고 가정할 수 있다. 이렇게 계산된 경로는 정확하지는 않아도 근삿값으로 볼 수 있다. 그리고 정확도를 높이려면 단계를 정밀하게 나누면 된다. 초속 100미터씩 변한다고 생각하는 대신에, 초속 10미터, 1미터, 심지어 0.1미터 구간으로 좁혀질 수 있다. 속도 구간의 폭을 더 세밀하게 나눌수록 혜성의 실제 경로 값에 좀 더 가까워질 것이다.

따라서 근일점과 원일점 사이의 거리를 연달아 구한 근삿값은 다음과 비슷한 수열이 된다.

수학에 관한 어마어마한 이야기

47　42　40　39　38.6　38.52　38.46　38.453……

이 수들은 천문단위天文單位*이다. 다시 말해서 우리가 혜성의 속도를 초속 100미터 단계에 고정시켰다면, 원일점과 근일점 사이의 거리는 47천문단위와 같다고 생각할 수 있다. 그래도 아직은 대략적인 근삿값에 불과하다. 초속 10미터로 속도를 더 정밀하게 하면, 같은 거리가 42천문단위가 된다. 구간을 점점 더 미세하게 나눌수록 그 거리가 38.45 정도 되는 극한값에 점점 더 가까워진다는 사실을 분명히 확인할 수 있다. 따라서 이 극한값은 근일점과 원일점 사이에서 혜성이 실제로 지나간 거리에 해당한다.

어떻게 보면 혜성의 경로를 무한히 짧은 무한대의 구간으로 나누면서 계산한 값이 이 극한값과 일치한다고 말할 수 있을 것이다. 같은 방법으로 아르키메데스는 π를 계산하기 위해 결국 원이 무한히 작은 무한대의 변을 가진 다각형이라는 사실을 떠올리게 하는 방법론을 사용했다. 이 두 주장이 가진 문제는 모두 무한 개념에 있다. 제논 이야기에서 알 수 있듯이, 무한이란 모호하며 기존 통념을 전복시키는 개념이고, 무한 개념을 다루는 일은 우리의 균형을 위태롭게 흔들면서 우리를 역설의 구렁으로 밀어넣을 수도 있다.

---

* 천문단위(AU, astronomical unit)는 지구와 태양 사이의 거리를 의미하며, 약 1억 5000만 킬로미터에 이른다.

따라서 두 가지 선택의 갈래에 놓이게 된다. 무한의 개입을 원천적으로 봉쇄하고 어떻게든 뉴턴의 물리학 문제 연구를 수열의 극한 근삿값 문제로 한정하거나, 용기를 내어 신중하게 무한히 미세한 분할의 늪으로 빠져드는 것이다.『자연철학의 수학적 원리』에서 뉴턴이 선택한 길은 두번째 길일 것이다. 독일 수학자 고트프리트 빌헬름 라이프니츠Gottfried Wilhelm Leibniz가 얼마 되지 않아 뉴턴에 이어 독자적으로 같은 개념을 발견했고, 뉴턴이 모호하게 남겨놓은 몇몇 개념을 좀 더 정확하게 발전시켰다. '미적분'이라는 이름을 얻게 되는 새로운 수학 분야가 이들의 연구에서 탄생한다.

나중에 누가 미적분학을 창안했는지를 놓고 몇 년 동안 긴 논쟁이 이어졌다. 물론 뉴턴이 1669년부터 이 길에 처음으로 뛰어들었지만 그 결과를 선보이는 데는 늦었고, 라이프니츠는 1684년『자연철학의 수학적 원리』보다 3년 먼저 연구 결과를 발표하면서 간발의 차이로 뉴턴을 앞섰다. 앞서거니 뒤서거니 하는 이 날짜들 때문에 뉴턴과 라이프니츠 사이에 격렬한 논쟁이 벌어졌고, 이들은 각자 자신이 미적분 이론을 창안했다고 주장하며 상대방이 자신의 연구를 표절했다고 비난하기까지 했다. 그렇지만 오늘날 우리가 보기에는 두 학자가 서로의 연구에 대해 알지 못했던 것 같고 저마다 미적분학을 창안한 것으로 보인다.

한 이론의 전제 단계에서 자주 그렇듯이, 처음부터 모든 것이 완

수학에 관한 어마어마한 이야기

벽하지는 않다. 뉴턴과 라이프니츠의 연구는 많은 부분에서 엄밀성과 증명이 부족했다. 마치 허수에서 얼마간 그런 것처럼, 몇 가지 방법론은 효과가 있었지만 나머지는 그렇지 않았으며, 왜 그 방법이 통하지 않는지를 전부 다 설명하지는 못했다.

따라서 미적분의 목적은 허가된 길이 어디이고, 반대로 막다른 길과 역설로 가는 길이 어디인지 표지판을 세우면서, 아직까지 알려지지 않은 이 땅의 지도를 만드는 것이 된다. 1748년에 이탈리아 수학자 마리아 가에타나 아녜시Maria Gaetana Agnesi가 신생 학문의 상태를 처음으로 완전하게 진단한 『해석학Instituzioni Analitiche』을 출간한다. 100년 후에는 독일의 베른하르트 리만Bernhard Riemann이 미적분학을 안전하게 통행할 수 있는 땅으로 만들어줄 마지막 연구를 수행한다.

그때부터 수학자들은 미적분에 온전히 전념하며 물리학에서 시작된 수천 가지 응용 분야에 대해 수많은 질문을 제기한다. 미적분은 그저 단순한 도구와는 거리가 아주 멀 뿐만 아니라, 철저히 분석할 수 있어서 흥미롭고 놀라울 만큼 아름다운 학문이었다. 그리고 과학은 랠리가 끝나지 않는 탁구 경기 같아서, 미적분이라는 새로운 학문은 천문학 이외의 다른 분야에서도 조금씩 적용되어갔다.

미적분은 예컨대 혜성의 경로처럼 계속해서 변수가 발생하는 모든 문제에 이용된다. 기상학에서는 온도나 기압의 변화에 대한 모델을 만들고 예측하기 위해, 해양학에서는 해류를 추적하기 위해, 항공역학에서는 비행기 날개나 다양한 우주선에서 공기의 흐름을 제어하기 위해, 지질학에서는 맨틀의 변화를 추적하고 화산과 지진을 연구하고 좀 더 장기적으로는 대륙의 이동을 연구하기 위해서 사용된다.

이처럼 여러 분야에서 연구가 진행되는 동안, 수학자들은 미적분에 굉장히 이상한 결과가 많다는 사실을 알아냈는데, 그중 일부는 수학자들을 대단히 당혹스럽게 만들었다.

무한히 작은 간격이 무엇인지 정의하려 할 때 우리에게 처음으로 드는 생각은 아마도 점을 가지고 설명하는 방법일 것이다. 유클리드가 언급했던 것처럼 점이란 가장 작은 기하학 요소다. 길이가 0인 점은 무한히 작다. 하지만 불행하게도 이 생각은 효과적으로 입증하기에는 너무 단순해서 곧 실패하고 말 것이다. 왜 그런지 알아보기 위해 단위 길이 1인 아래의 선분을 살펴보자.

$$\vdash\!\!\!\!-\!\!\!\!-\!\!\!\!-\!\!\!\!-\!\!\!\!-\!\!\!\!\overset{1}{-}\!\!\!\!-\!\!\!\!-\!\!\!\!-\!\!\!\!-\!\!\!\!-\!\!\!\dashv$$

이 선분은 각각의 길이가 0인 무한개의 점으로 이루어져 있다. 따라서 그 길이는 무한대에 0을 곱한 것과 같다고 할 수 있다. 이를 대수 언어로 쓰면 $\infty \times 0 = 1$이고, 여기서 ∞는 무한을 가리키는 기호다. 이 같은 결론의 문제점은 이제 우리가 길이가 2인 구간을 생각하면, 이 선분도 무한개의 점으로 이루어져 있고, 이번에는 이를 수식으로 표현하면 $\infty \times 0 = 2$이다. 어떻게 하나의 같은 식에서 두 가지

수학에 관한 어마어마한 이야기

다른 값이 나올 수 있을까? 그리고 구간 길이를 달리하면, ∞×0은 3일 수도, 1000일 수도 있으며 심지어는 π가 될 수도 있다!

여기에서 우리는 한 가지 결론을 도출해야 한다. 지금 맥락에서 사용된 0과 무한 개념은 우리가 원하는 용도로는 충분히 정교하게 정의되지 않았다. ∞×0처럼 어떻게 해석하는지에 따라 그 값이 달라지는 수식을 '부정형不定型'이라고 부른다. 대번에 역설이 우글우글 몰려오는 모습을 빤히 보면서 대수식에서 이러한 부정형을 사용하기란 불가능하다. ∞×0의 곱셈이 가능하다면, 심지어 1이 2와 같다는 주장처럼, 이와 유사한 종류의 다른 비상식을 인정해야만 한다. 따라서 다른 방법을 찾아야만 한다.

무한히 작은 구간에 오직 점만 있지는 않으므로, 두번째 시도로 서로 다르지만 무한하게 가까운 두 점을 잇는 선분을 생각해보자. 솔깃하긴 하지만 이번에도 난관에 부딪히고 만다. 이런 점은 존재하지 않기 때문이다. 두 점 사이의 길이는 우리가 바라는 만큼 짧을 수 있지만, 그 길이는 항상 양수일 수밖에 없다. 1센티미터, 1밀리미터, 10억 분의 1밀리미터, 이보다 더 짧더라도 그 길이가 무한소無限小인 경우는 없다. 다시 말해서 떨어져 있는 두 점은 절대로 서로 닿지 않는다.

앞 단락은 무언가 무척 당황스럽다. 선분처럼 연속된 줄을 그을 때, 여기에는 빈 구멍이 없는데도 이 선을 구성하는 점들은 서로 닿지 않는다는 것이다. 어떤 점도 다른 점과 직접적인 접촉이 없다. 선에 구멍이 없는 것은 단지 무한히 작은 점들이 무한히 축적되어서다. 그리고 만약 직선의 점들을 좌표로 표현한다면, 대수 용어에서도 같은 현상이 나타날 것이다. 다른 수 두 개는 절대로 직접 이어지지 않고 항상 그 둘 사이에 슬그머니 들어오는 무한개의 다른 수들이 있다. 1과 2 사이에는 1.5가 있다. 1과 1.1 사이에는 1.05가 있다. 1과 1.0001 사이에는 1.00005가 있다. 이러한 일을 언제까지고 계속할 수 있다. 다른 모든 수와 마찬가지로 1에 바로 이어지는 그다음 수라는 것은 없다. 그렇지만 수들은 길게 이어지는 완벽한 연속성을 가지고 1의 근처로 무한히 모여든다.

이 두 번의 시도 끝에 별다른 수확이 없었으니, 우리는 지금까지 정의된 수들이 무한히 작은 양을 그려내기에는 충분히 강력하지 않음을 인정해야 한다. 따라서 0은 아니면서 모든 양수보다 작은, 손에 잡히지 않는 수들을 완전히 새로 만들어야 한다. 이것이 바로 라이프니츠와 그의 뒤를 잇는 학자들이 미적분을 구성하면서 했던 일이다. 300년 동안, 이들은 이 새로운 수들을 적용하면서 미적분의 규칙과 활동 범위를 정의하기 위해 힘썼다. 그리고 마침내 17세기에서 20세기까지 미적분학에서 발생한 문제에 아주 효율적으로 대응할 수 있는 정리들의 전체 목록을 완성했다.

진짜 수는 아니지만 계산 중간에 쓰는 수들이라고? 이러한 상황이 이제는 친숙할지도 모르겠다. 음수와 허수가 이미 이 과정을 거쳐갔으니 말이다. 하지만 매번 그랬듯이 동화되는 과정은 길기 때문에 그 판세를 점치기란 어렵다. 1960년대에 미국 수학자 에이브러햄 로빈슨Abraham Robinson이 무한소를 수 체계로 완전히 편입시키는 새로운 모델을 만들어 비표준 해석학analyse non standard이라고 이름 붙였다. 하지만 허수와 달리 무한히 작은 양적 개념은 21세기 초에 진정한 수로서의 지위를 획득하지 못했다. 로빈슨의 비표준 모델은 주류 담론이 아니며, 널리 사용되지 않는다.

비표준 해석학이 필수불가결한 이론이 되기 위해서는 아직 부족한 발견과 진전, 정리 들을 더 채워나가야 할지도 모른다. 반대로 주류 모델이 될 가능성이 전혀 없을지도 모르고, 따라서 무한소는 그보다 앞서서 잘 알려진 음수와 허수 같은 대열에 결코 이르지 못할지도 모른다. 비표준 해석학은 아름답긴 하지만 충분히 아름답다고 하기에는 모자라고, 일반적인 열의를 불러일으키기에는 그 장점이 너무 적다. 비표준 해석학이 발표된 지 수십 년이 지난 후에도 로빈슨의 모델은 여전히 신생 이론에 속하며, 그 운명을 결정하는 것은 후대 수학자들의 몫이다.

미적분에서 결실을 맺은 발전 중에 가장 크게 호기심을 자아내는 분야는, 프랑스의 앙리-레옹 르베그Henri-Léon Lebesgue가 20세기가 되자마자 고안해낸 측도론mesure theory이다. 여기서 제기된 질문은 다음과 같다. '무한소 덕분에 자와 컴퍼스로는 작도할 수 없는 새로운 기하학 도형을 만들어내고 측정할 수 있는가?' 답은 '그렇다'이다. 이 전대미문의 도형들은 불과 몇 년 만에 고전 기하학의 가장 직관적인 법칙들까지 쫓아냈다.

0부터 10까지 눈금이 있는 선분을 예로 들어보자.

데카르트 좌표계에서 이 눈금은 0에서 10 중에 어느 한 수와 선분의 각 점을 연결해준다. 따라서 이 선분에서 0.1이나 7.28 같은 소수점 이하에 끝이 있는 수(유한소수)에 해당하는 점, π나 황금비 φ처럼 소수점 이하에 숫자가 무한대로 이어지는 수(무한소수)에 해당하는 점, 이렇게 두 가지로 구분할 수 있다. 그러면 우리가 이 기준에 따라 선분을 나누면 어떤 일이 일어날까? 다시 말해 첫번째 유형의 점들을 어두운색으로, 두번째 유형을 밝은색으로 칠하면, 어두운색과 밝은색으로 그려지는 도형 두 개는 어떤 모양일까? 이 두 유형의 수는 무한히 복잡하게 얽혀 있기 때문에 이 질문에 답하기 쉽지 않다. 얼마나 작게 구간을 나누든, 그 구간 안에는 항상 어두운 점과 밝은 점이 함께 포함되어 있을 것이다. 밝은 점 두 개 사이에는 항상 최소한 어두운 점 한 개가 있고, 어두운 점 두 개 사이에는 항상 밝은 점이 적어도 하나는 있다. 그러므로 두 도형은 무한히 미세한 먼지를 길게 늘여놓은 것 같은 모양으로, 두 도형을 포개면 빈틈없이

수학에 관한 어마어마한 이야기

딱 들어맞을 것이다.

선분 [0.10]은 다음의 두 조각으로 나뉜다.
왼쪽은 유한소수, 오른쪽은 무한소수다.

———

물론 이 그림은 정확하지 않다. 눈으로 볼 수 있는 미세한 부분들이 무척 작게 그려진 그림에 불과한데, 이것이 실제 무한소는 아니다. 오로지 대수학과 추론으로만 파악할 수 있는 도형들을 구체적으로 그리기란 불가능하다.

다음에 오는 질문은 '이 도형들을 어떻게 측정하는가?'이다. 왜냐하면 처음 선분의 길이는 10이니 말이다. 이 도형 두 개를 합하면 그 길이가 10일 테지만, 둘을 어떻게 나눌 것인가? 두 도형의 길이가 모두 5로 같을까, 아니면 한 도형이 나머지 도형보다 더 길까? 이 문제에 관심을 가졌던 수학자들이 찾아낸 답은 놀랍다. 무한소수로 구성된 도형이 전체 길이를 완전히 독차지한다는 것. 밝은색 도형의 길이는 10이고 어두운색 도형은 0이다. 한 선분에서 얽혀 있을 때는 두 도형이 균등하게 보이지만, 어두운색의 점보다 밝은색의 점이 무한히 더 많다.

데카르트 좌표계를 이용하면 이러한 먼지 모양의 도형들을 넓이와 입체로 확장할 수 있다. 예를 들어 정사각형에 있는 점 전체를 무한한 전개도를 가진 두 축 위에 그린다고 생각해볼 수 있다.

다시 한번 말하지만, 이것은 미세한 부분이 무한히 정밀하다는 게 무엇을 의미하는지 어렴풋이 알게 해주는 대략적인 표상에 불과하다.

먼지 같은 도형을 측정하는 작업은 수학에서 가장 놀라운 연구 중 하나가 될 것이다. 실제로 이 문제에 관심을 가진 수학자들이 온갖 노력을 기울였는데도 불구하고 이런 도형의 일부를 측정하기란 여전히 불가능하다. 퍼즐 법칙의 반례를 발견했던 스테판 바나흐와 알프레트 타르스키가 1924년에 이것의 불가능성을 입증했다.

그 두 사람은 공을 다섯 조각으로 자른 다음, 이 조각들을 재조합해서 구멍 하나 없이 처음 공과 완전히 똑같은 공 두 개를 만드는 방법을 발견했다.

그들이 중간 과정에서 사용한 도형 다섯 개는 바로 무한소로 나눈 먼지와 같은 도형이다. 바나흐-타르스키의 퍼즐 조각을 측정할 수 있다면, 그 부피의 합은 맨 처음 공의 부피와 같으면서 동시에 중간 과정 도형들로 재조합한 공 두 개의 부피와도 같을 것이다. 그런데 이런 일은 불가능하므로, 결론은 하나밖에 남지 않는다. 부피라는 개념조차 이 도형들에서는 의미가 없다는 것이다.

사실 바나흐와 타르스키의 연구 결과는 훨씬 더 많은 의미를 지니고 있다. 왜냐하면 3차원상의 기존 도형 두 개를 가지고 첫번째 도형을 일련의 가루 조각으로 나눈 다음, 이를 두번째 도형으로 항상 재조합할 수 있다는 사실이 확인되었기 때문이다. 예를 들어 작은 완두콩 크기의 공을 여러 조각으로 나눈 다음, 이 조각들을 가지고 그 안에 구멍 하나 없이 태양만 한 공으로 재조합할 수도 있다. 이 분할법은 직관과 완전히 반대되는 면이 있기에 종종 바나흐-타르스키의 역설이라고 잘못 불린다. 하지만 이는 역설이 아니라, 그 추론에 어떠한 모순도 없이 가루 도형을 가능하게 만드는 정리다.

물론 이 분할법이 가지고 있는 '무한소'라는 성질 탓에 이 도형들을 실제로 제작하기는 완전히 불가능하다. 가루 같은 도형들은 지금도 물리학적으로 응용할 수 없는 수학적 호기심이라는 이름의 벽장 안에 머물러 있다. 훗날 이 도형들이 뜻밖의 쓰임새를 찾아서 벽장 밖으로 나올지 누가 알겠는가?

15장
—
미래를 예측하기

2012년 6월 8일, 마르세유.

오늘 아침 나는 동틀 무렵에 일어났다. 약간 초조하지만 안절부절 못하고 아침밥을 빨리 먹어치운 후, 내가 가지고 있는 셔츠 가운데 가장 예쁜 셔츠—사실은 내가 가지고 있는 유일한 셔츠—를 입고 재빨리 나왔다. 밖에 나오니 프로방스의 하늘에서 태양이 기지개를 켜고 밤의 선선함이 순식간에 사라진다. 오늘은 아마 틀림없이 더울 것 같다. 비외포르Vieux-Port('옛 항구'라는 뜻—옮긴이)에 생선 시장이 설치되는 동안 아침 일찍 일어난 몇몇 관광객들은 이미 칸비에르 거리를 산책하고 있다.

하지만 오늘은 한가롭게 산책할 때가 아니다. 지하철역으로 내려가서 북쪽 샤토공베르로 향한다. 바로 이곳에 내가 4년 전부터 다니고 있는 수학·컴퓨터공학 연구소CMI가 있다. 100여 명의 수학자들이 매일 여기에서 일한다. 연구실에 도착해서 마지막으로 기자재를 확인한다. 여러 색깔의 공이 담긴 커다란 반구형 용기 세 개가 있고, 그 옆에는 인쇄된 용지 더미가 있는데 표지에 다음과 같이 쓰여 있다.

상호작용 단지 모델

박사 학위 청구 논문
수학 전공
미카엘 로네
지도 교수: 블라다 리미크

오늘은 연구소에서 보내는 마지막 날이다. 오늘 오후 두 시에 박사 학위 논문 심사가 있을 예정이다.

과학자의 생애에서 박사 과정은 독특한 시기다. 이론상으로는 학생이지만, 박사 과정 학생들은 더는 들을 수업도 없고 중간고사나 기말고사를 치르지도 않는다. 사실 우리의 일과는 연구원들과 아주 비슷하다. 최신 논문 읽기, 다른 수학자들과 토론하기, 세미나 참석, 그다음에는 자신의 분야를 발전시키고, 가설을 세우고, 새로운 정리를 다듬고, 이를 증명하고 논문을 쓰기 위해 노력하기. 이 모든 과정은 학계에서 우리가 첫발을 잘 내딛고 이 직업의 요령을 파악하도록 도와주는 일을 맡은 숙련된 선배 수학자의 관리를 받으며 이루어진다. 내 지도 교수는 크로아티아 출신 프랑스인인 블라다 리미크 교수로, 4년 동안 내가 연구한 주제를 전공한 분이다. 교수님과 내 연구 분야는 17세기에 탄생한 수학 분과인 확률론이다.

확률론의 쟁점을 이해하려면 다시금 역사의 심연으로 뛰어들어야 한다. 자, 오후 두 시가 되기를 기다리면서 연구소 밖으로 나와 몇 시간을 보내자. 그리고 내가 확률이라는 모험의 길로 여러분을 안내하도록 허락해주기 바란다.

인간이 우연에 열광한 지는 오래됐다. 인간은 선사시대부터 자연이 우리에게 가져다주는, 설명할 수 없고 불규칙하며 뚜렷한 원인이 없는 현상을 무수히 목격했다. 처음에는 어쩔 수 없이 신의 탓이라고 여겼다. 일식, 월식, 무지개, 지진, 전염병, 하천 범람, 혜성 등은 모두 이러한 현상을 해석할 줄 아는 사람에게 전달된 신성한 메시지라고 생각했다. 이 메시지를 해독하는 일은 마법사, 예언자, 사제, 무당 들에게 맡겨졌다. 이들은 신이 직접 나타나기를 기다리지 않고 신에게 그 뜻을 묻는다며, 기회를 놓칠세라 일련의 제례를 발전시켰지만 이는 이들의 밥벌이를 위한 일이기도 했다. 다시 말해 인간은 필요에 따라 불확실성을 만들어내는 법을 상상하기 시작했다.

이러한 전통 중에서 고대의 화살점은 매우 오래된 제례다. 신에게 물어볼 다지선다형 문항들을 여러 화살 위에 새긴 다음, 그 화살들을 화살통 안에 넣고 잘 흔들어서 무작위로 하나를 뽑아보라. 자, 이

것이 신의 답변이다. 예를 들어 바빌로니아의 왕 느부갓네살 2세(네부카드네자르 2세)가 기원전 5세기에 어느 적국에 전쟁을 선포할지를 정할 때도 화살점을 쳤다. 화살 말고도 무언가 뽑을 수 있는 조약돌, 점토판, 막대기, 색칠된 공 등 다양한 형태의 사물을 사용했다. 로마인은 이 사물들에 '소르스sors'라는 이름을 붙였다. 프랑스어로 '제비를 뽑다tirer au sort'라는 표현뿐만 아니라, 원래는 신에게 질문하는 점쟁이나 신이 내린 심판을 의미하는 '추첨sortilège'이라는 단어가 이 단어에서 유래했다.

무작위 제비뽑기 방식은 점차 성행하여 여러 분야에 적용되었다. 아테네에서 평의회에 보낼 500명의 시민들을 뽑을 때라든지, 몇 세기 후 베네치아 총독 선발 과정 등 수많은 정치 체제에서 이 방법을 이용했다. 우연은 게임을 만드는 사람들에게도 수많은 영감의 원천이 된다. 플라톤의 입체 중 하나인 주사위, 동전 던지기, 카드 게임 등의 발명이 그 결과물이다.

이처럼 운에 맡기는 게임을 통해 신의 결정이라고 여겨졌던 것들이 마침내 몇몇 수학자들의 관심을 끈다. 수학자들은 미래가 다가오기 전에, 추론과 계산을 통해 미래의 속성을 연구하면서 '운명의 검사관' 역할을 하겠다는 이상한 생각을 하게 된다.

이 모든 일은 17세기 중반 수학자이자 철학자 마랭 메르센Marin Mersenne이 1635년에 설립한, 프랑스 과학 아카데미의 전신인 파리 아카데미 회의에서 비롯되었다. 회의에서 다양한 분야에 종사하는 학자들이 토론을 벌이는 동안, 여가에 취미로 수학을 하는 앙투안 공보Antoine Gombaud라는 작가가 한 문제를 총회에 회부한다. 그가 제기한 문제는 다음과 같다. 5판3선승제 게임에서 두 선수가 얼마 정도 돈을 걸었는데, 첫번째 선수가 2 대 1로 이기고 있을 때 경기가 중단됐다고 하자. 그러면 두 선수가 헤어지기 전에 돈을 어떻게 나눠야 할까?

그날 참석한 과학자들 중에서 특히 피에르 드 페르마Pierre de Fermat 와 블레즈 파스칼Blaise Pascal이라는 두 프랑스 학자가 이 문제에 관심을 보인다. 몇 번의 서신 왕래가 이어진 뒤, 두 학자 모두 판돈의 4분의 3이 첫번째 선수에게, 그리고 나머지 4분의 1이 두번째 선수에게 돌아가야 한다고 결론을 내린다.

이러한 결론에 도달하기 위해, 두 학자는 경기를 제대로 마쳤을 때 나올 수 있는 시나리오 전체를 표로 작성하고, 두 선수 각각에게 생길 수 있는 경우의 수를 계산했다. 가상의 경기에서 첫번째 선수가 다음 판에서 이길 확률이 50퍼센트이고, 두번째 선수가 이길 확률도 마찬가지로 50퍼센트다. 두번째 선수가 이길 경우에는 그다음 판이 진행될 것이고, 다섯번째 판에서도 선수 두 명이 이길 확률은 동일하다. 따라서 두 가지 시나리오 모두에서 두 사람은 각각 승률이 25퍼센트다. 이 추론은 다음의 도표와 같이 경기가 중단된 이후에 나올 수 있는 경우의 수들로 정리할 수 있다.

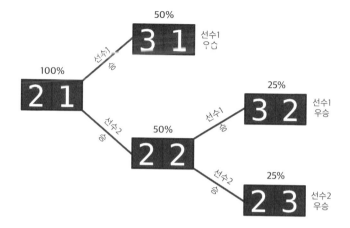

요약하면, 추후 가능한 경우의 수에서 첫번째 선수가 이길 확률이 75퍼센트인 반면, 두번째 선수가 이길 확률은 25퍼센트에 불과하다는 점을 확인할 수 있다. 따라서 파스칼과 페르마는 이 비율로 판돈을 나누어야 한다고 결론을 내린다. 첫번째 선수가 판돈의 75퍼센트를 갖고, 두번째 선수가 나머지 25퍼센트를 갖는 것이 공정하다는 생각이었다.

파스칼과 페르마의 추론은 특히 적용 범위가 넓다는 점이 추후에 밝혀진다. 운으로 하는 게임의 대부분이 이 실험의 대상이 될 수 있다. 페르마와 파스칼의 뒤를 이은 학자 중에 스위스 수학자 자크 베르누이Jacques Bernoulli는 17세기 말에 『추론의 기술Ars Conjectandi』이라는 저서를 집필했으나 이 책은 그가 사망한 뒤인 1713년이 되어서야 출간되었다. 이 책에서 베르누이는 오래전부터 하던 게임들을 다시 분석하여, 확률론의 기본 원칙 중 하나인 '큰 수의 법칙(대수大數

수학에 관한 어마어마한 이야기

의 법칙)'을 처음으로 기술했다.

큰 수의 법칙이란, 무작위 현상을 여러 번 반복할수록 그 결과의 평균을 점점 더 정확히 예측할 수 있으며, 그 평균이 어떤 극한값에 가까워진다는 법칙이다. 다시 말해 가장 완전한 우연조차 장기적으로는 무작위적인 면이 전혀 없는, 평균적인 반응을 예측할 수 있는 현상이 된다.

이 현상을 이해하기 위해 멀리 가서 예를 찾을 필요도 없다. 동전 던지기를 간단히 연구해도 큰 수의 법칙이 드러나는 것을 볼 수 있다. 앞뒤가 평평한 동전을 던지면 앞면과 뒷면이 나올 확률은 각각 50퍼센트이고, 이를 도표로 나타내면 다음과 같다.

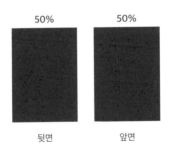

이제는 연속해서 두 번 동전을 던지고, 앞면과 뒷면이 나오는 경우의 수를 전부 계산한다고 해보자. 두 번 다 뒷면이 나오거나, 두 번 다 앞면이 나오거나, 앞면과 뒷면이 한 번씩 나오는 등 총 세 가지 경우가 있다. 이 세 가지 경우가 모두 같은 확률로 일어날 거라는

생각에 마음이 끌릴 수 있지만, 그렇지 않다. 실제로는 앞면 한 번, 뒷면 한 번이 나올 확률이 50퍼센트이고, 두 번 다 뒷면이 나오거나 두 번 다 앞면이 나올 확률은 각각 25퍼센트다.

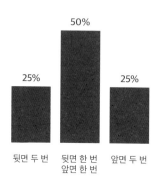

이처럼 세 가지 경우의 확률이 서로 다른 것은 두 번의 다른 경우가 최종적으로는 같은 결과를 낳기 때문이다. 동전을 두 번 던질 때, 사실 가능한 결과는 뒷면-뒷면, 뒷면-앞면, 앞면-뒷면, 앞면-앞면으로 총 네 가지다. 뒷면-앞면, 앞면-뒷면이 나오는 경우는 최종적으로 앞면 한 번, 뒷면 한 번이라는 결과이고, 그렇기 때문에 앞면 한 번, 뒷면 한 번이 나올 경우의 확률이 다른 경우보다 두 배 더 높은 것이다. 같은 방식으로, 도박사들은 주사위 두 개를 던질 때 12가 나올 확률보다 7이 나올 확률이 높다는 사실을 잘 알고 있다. 7이 나올 수 있는 경우의 수는 1+6, 2+5, 3+4, 4+3, 5+2, 6+1로 여러 가지가 있지만, 12가 나올 확률은 6+6 딱 한 가지 경우밖에 없기 때문이다.

주사위를 던지는 횟수가 늘어날수록 이러한 결과가 나올 확률은 높아진다. 평균에서 멀어지는 결과가 나올 확률은, 평균이 나올 결과에 비해 점점 더 극도로 낮아진다. 연속해서 열 번 동전을 던지면, 뒷면이 네 번에서 여섯 번 나올 확률은 약 66퍼센트다. 같은 동전을 백 번 던지면 뒷면이 마흔 번에서 예순 번 사이로 나올 확률이 96퍼센트가 될 것이다. 그리고 천 번 던지면 99.99999998퍼센트의 확률로 뒷면이 사백 번에서 육백 번 사이로 나올 것이다.

열 번, 백 번, 천 번 던지는 경우를 도수분포표(히스토그램)로 그리면, 가능한 결과의 거의 대다수가 중심축에 점점 더 가까워져서, 양쪽 맨 끝에 오는 막대기는 육안으로 볼 수 없는 수준임을 확인할 수 있다.

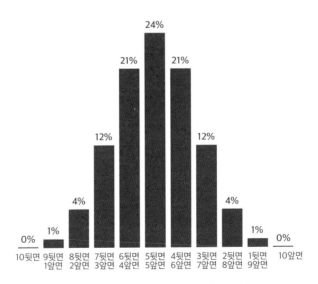

동전을 열 번 던졌을 때 나올 수 있는 경우의 수에 따른 확률의 도수분포표

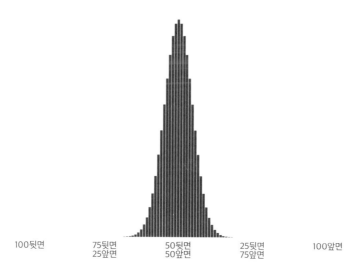

100뒷면	75뒷면 25앞면	50뒷면 50앞면	25뒷면 75앞면	100앞면

동전을 백 번 던졌을 때 나올 수 있는 경우의 수에 따른 확률의 도수분포표

———

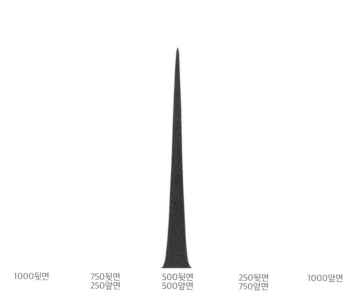

1000뒷면	750뒷면 250앞면	500뒷면 500앞면	250뒷면 750앞면	1000앞면

동전을 천 번 던졌을 때 나올 수 있는 경우의 수에 따른 확률의 도수분포표

———

수학에 관한 어마어마한 이야기

큰 수의 법칙이 명시하는 바를 정리하면 다음과 같다. 무작위 현상을 무한 반복하면, 우리가 얻는 결과 값의 평균은 전혀 불확실하지 않은, 하나의 극한값에 필연적으로 가까워진다.

큰 수의 법칙은 설문조사와 그 밖의 기타 통계를 실행하는 데 기본이 된다. 모집단에서 1000명을 뽑고, 이들에게 다크 초콜릿과 밀크 초콜릿 중에서 어떤 초콜릿을 더 좋아하냐고 물어보자. 600명이 다크 초콜릿, 400명이 밀크 초콜릿이라고 응답한다면, 전체 모집단에 수백만 명이 있더라도 모집단에서도 똑같이 60퍼센트가 다크 초콜릿, 40퍼센트가 밀크 초콜릿이라고 응답할 확률이 매우 높다. 무작위로 뽑은 한 명에게 초콜릿 취향을 묻는 것은 동전 던지기와 마찬가지로 무작위 현상으로 볼 수 있다. 동전의 앞면과 뒷면을 다크 초콜릿과 밀크 초콜릿으로 바꾸기만 하면 된다.

물론 운이 나쁘게도 1000명이 전부 다크 초콜릿을 좋아한다거나 밀크 초콜릿을 좋아한다고 응답할 수도 있다. 하지만 이처럼 극단적인 결과가 나오는 경우는 매우 드물고, 큰 수의 법칙은 충분히 큰 표본을 대상으로 질문하는 경우에 그 평균값이 모집단의 평균과 가까워질 확률이 아주 높다는 점을 확인해준다.

또한 여러 결과와 그 결과가 일어날 경우의 수를 더 많이 분석할수록, 신뢰 구간을 설정하고 오차 범위를 가늠할 수 있다. 예를 들어 모집단에서 다크 초콜릿을 좋아할 확률이 57~63퍼센트일 가능성이 95퍼센트라고 말할 수 있다. 게다가 적합한 방식으로 실시한 설문조사는 전부 해당 조사의 정확성과 신뢰도가 얼마인지를 항상 표기한다.

• 파스칼의 삼각형 •

1654년 블레즈 파스칼은 『산술 삼각형에 대한 논고*Traité du triangle arithmétique*』라는 저서를 출간한다. 파스칼은 이 책에서 숫자가 적혀 있는 칸 여러 개로 구성된 삼각형에 대해 기술한다.

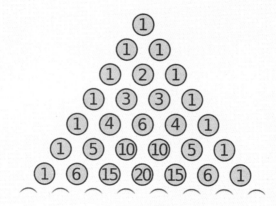

여기서는 일곱번째 줄까지만 표시했지만, 무한대로 삼각형을 연장할 수 있다. 칸 안에 들어 있는 수들은 두 가지 규칙에 따라 정해진다. 첫째, 삼각형 가장자리에는 1만 올 수 있

수학에 관한 어마어마한 이야기

다. 둘째, 삼각형 안쪽 칸은 바로 위의 왼쪽 수와 오른쪽 수를 더한 합이다. 예를 들어서 다섯번째 줄의 6은 바로 윗줄의 3 두 개를 더한 값이다.

사실 이 삼각형은 파스칼이 흥미를 갖기 전에 이미 알려져 있었다. 11세기에 아랍 수학자 알카라지와 오마르 하이얌이 이 삼각형에 대해 언급했다. 같은 시기에 중국 송나라에서는 가헌賈憲의 연구가 있었고, 13세기 남송의 양휘楊輝에게까지 연구가 이어졌다. 또 유럽에서는 타르탈리아와 비에트가 이 삼각형에 대해 잘 알고 있었다. 그렇지만 이 삼각형에 대해 최초로 상세하고 완전한 논고를 쓴 사람은 파스칼이다. 또 이 삼각형과, 확률론에서 경우의 수 사이에 밀접한 관계가 있음을 처음으로 밝혀낸 사람도 파스칼이다.
실제로 파스칼의 삼각형에서 각 줄은 동전의 앞면이나 뒷면처럼 두 가지 경우가 있는 상황이 계속해서 일어날 때 나올 수 있는 경우의 수와 같다. 예를 들어서 동전을 세 번 연속 던진다면, 뒤-뒤-뒤, 뒤-뒤-앞, 뒤-앞-뒤, 뒤-앞-앞, 앞-뒤-뒤, 앞-뒤-앞, 앞-앞-뒤, 앞-앞-앞, 총 여덟 가지 경우가 있다. 이것을 정리해보면 다음과 같은 사실을 알 수 있다.
- 세 번 다 뒷면이 나오는 경우 한 번
- 뒷면 두 번, 앞면 한 번이 나오는 경우 세 번
- 뒷면 한 번, 앞면 두 번이 나오는 경우 세 번

- 세 번 다 앞면이 나오는 경우 한 번

그런데 이 1-3-3-1이라는 숫자의 나열은 파스칼 삼각형의
네번째 줄과 정확하게 일치한다. 이것이 우연이 아니라는
사실을 파스칼이 증명해냈다.

예를 들어 여섯번째 줄을 살펴보면, 동전을 다섯 번 던질
때 뒷면 두 번, 앞면 세 번이 나올 경우의 수가 열 번이라는
점을 알 수 있다. 삼각형 아래쪽으로 더 내려가면 동전을
열 번 던질 때 어떤 경우의 수가 나오는지를 쉽게 알 수 있
는데, 삼각형의 열한번째 줄에 적혀 있다. 동전을 백 번 던
졌을 때를 알고 싶다면 백한번째 줄을 보면 되고, 이런 식
으로 계속 내려갈 수 있다. 게다가 파스칼의 삼각형 덕분에
앞에서 봤던 도수분포표를 쉽게 그릴 수 있다. 파스칼의 삼
각형이 없었다면 경우의 수가 너무 커질 때 모든 경우의 수
의 목록을 개별적으로 만들기는 불가능했을 것이다.

파스칼의 삼각형은 확률론뿐 아니라 수학의 다른 분야와도
관련성이 높다는 사실이 나중에 밝혀진다. 예를 들어 여기
에 있는 수들은 대수학에서 몇몇 방정식을 푸는 데 크게 도
움이 된다. 또 대각선 중 한 줄에서 삼각수(1, 3, 6, 10……)
를 찾아볼 수 있고, 기울어진 직선을 따라 각 항들을 더하
다보면 피보나치수열(1, 1, 2, 3, 5, 8……)이 보이는 등 잘

알려진 여러 수열을 찾아볼 수 있다.

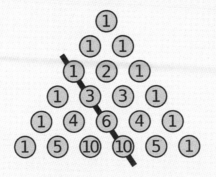

파스칼의 삼각형에 있는 삼각수 수열

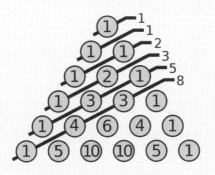

파스칼의 삼각형에 있는 피보나치수열

확률론은 그 이후 몇 세기 동안 가능한 경우의 수 전체를 분석하기 위해 점점 더 정교하고 강력한 도구들을 개발했다. 그리고 얼마

지나지 않아 미적분과 긴밀하고도 유익한 협력을 맺는다. 실제로 많은 무작위 현상들에서 무한히 작은 변화량이 생기는 경우가 빈번한다. 예를 들어 기상 모형에서 온도는 계속 변한다. 선분은 길이가 있지만 그 선분을 구성하고 있는 점들은 길이가 없는 것처럼, 어떤 현상이 생길 수 있지만 그 현상을 구성하는 각각의 경우의 수들은 개별적으로는 일어날 확률이 전혀 없는 것과 마찬가지다. 일주일 후에 정확히 섭씨 23.41도 혹은 그 외에 다른 어떤 특정 온도가 될 확률은 0이다. 그렇지만 일주일 후 온도가 섭씨 0~40도 사이일 전체 확률은 양수(+)다.

확률론의 또 다른 핵심은 무작위 체계가 스스로 변하는 반응을 이해하는 일이었다. 우리가 동전을 한 번 던지든 천 번 던지든 계속 같은 동전이지만, 실제로 많은 상황이 이렇게 간단하지가 않다. 1930년에 헝가리 수학자 포여 죄르지Pólya György가 특정 집단에서 이루어지는 전염병의 확산을 이해하기 위한 연구 논문을 발표했다. 이 논문은 충분히 많은 수의 사람들이 이미 병에 걸렸을 때 전염병이 점점 더 빨리 퍼진다는 점을 예리하게 짚어냈다.

여러분 주위에 병에 걸린 사람이 많다면, 여러분이 환자가 될 확률이 더 높아질 것이다. 그리고 여러분이 병에 걸린다면, 이번에는 바로 여러분 때문에 주변에 있는 사람들이 병에 걸릴 확률이 높아질 것이다. 즉, 일이 진행되는 도중에 자연히 증식이 일어나고, 확률은 끊임없이 변동한다. 우리는 이를 '강화된 우연'이라고 부른다.

그 후에 강화된 무작위 과정은 수많은 변형이 생겼고, 다양한 분

수학에 관한 어마어마한 이야기

야에 응용되었다. 그중에서 개체군 역학에 활용하는 것이 매우 유용했다. 세대 간 생물학적 특성 또는 유전적 특성의 변화를 추적하기 위해 동물 개체군을 하나 고른다고 하자. 예를 들어 개체의 60퍼센트가 까만 눈동자이고, 40퍼센트는 파란 눈동자라고 가정하자. 그러면 유전적으로 새로 태어나는 개체의 눈동자가 검은색일 확률은 60퍼센트이고 파란색일 확률은 40퍼센트다. 그러므로 이 개체군에서 눈동자 색깔의 변화는 전염병 확산과 유사한 역학을 보인다. 특정 색깔을 가진 개체가 더 많아질수록 다음 세대도 그 색깔일 확률이 커지며, 따라서 개체군 내 비율도 높아진다. 일이 진행되는 도중에 자체 증식을 하는 것이다.

이처럼 포여 모델의 연구는 생물종의 서로 다른 특징이 진화할 확률을 측정하게 해준다. 어떤 특징들은 종국에는 사라질 수 있다. 반대로 또 다른 특징들은 집단 전체로 퍼질 수 있다. 그런가 하면 어떤 특징들은 세대에서 세대로 내려오면서 균형을 찾고 작은 변이만 발생한다. 그중에 어느 시나리오대로 될지 미리 알 수는 없지만, 동전 던지기 게임과 마찬가지로 확률론을 통해 많이 발생할 경우의 수와, 장기적 관점에서 일어날 가능성이 가장 높은 변화가 무엇일지 예측할 수는 있다.

1985년에 포여가 사망했을 때, 나는 겨우 한 살이었다. 그렇지만 포여와 나는 단 몇 달이라도 동시대를 살았고, 그가 시작한 이론이 나의 연구 분야이며, 그 분야에서 내가 몇 가지 정리를 발견했다고 말할 수 있다.

여기서 자세히 다루지는 않겠지만, 내 연구는 간헐적으로 상호작용하는 여러 가지 강화된 무작위 과정의 변동에 관한 것이다. 예를 들어 같은 지역 안에서 서로 떨어져 사는 한 생물종의 여러 집단이 있다고 가정하자. 만약 가끔씩 이 집단의 몇몇 개체들이 다른 집단으로 이동한다면, 어떤 경우의 수들이 있으며 각각의 확률을 어떻게 계산해야 할까? 내 연구가 이 질문들에 대한 답을 가져다주었다.

아, 물론 내가 발견한 정리들이 그렇게 대단하지는 않으며, 위대한 이름들로 채워진 주요 역사의 한복판에서 이 정리들을 감히 언급하려 드는 것은 뻔뻔한 짓이다. 내가 지난 박사 과정 4년 동안 제대로 작업을 수행한 성실한 연구자라 할지라도, 나보다 훨씬 더 명석한 다른 수많은 수학자들에 비하면 내가 발견한 것들이 그렇게 중요성이 크지는 않다. 하지만 한 시간 동안 진행된 논문 심사에서 심사위원들을 설득하기에는 충분했고, 2012년 6월 8일에 나는 박사 학위를 취득했다.

학위를 취득함으로써 이토록 영예로운 역사의 대열에 동참한다는 것은 꽤 감동적이다. '박사doctor'라는 단어는 '가르치다'라는 뜻의 라틴어 'docere'에서 유래했다. 따라서 박사란 자신의 전공을 다음 세대에게 전수해줄 역량을 갖춘 사람이다. 중세 후기부터 시작된 알렉산드리아의 무세이온이나 바그다드의 바이트 알히크마의 현대적 계승 기관이라고 할 수 있는 대학은 박사 학위를 발급하고, 연구와 과학 교육에 안정적이고 지속적인 제도적 틀을 제공한다.

몇 세기 동안 과학계에서는 한 세대에서 다음 세대로 연구원, 교수, 학생 들이 거의 영구적으로 대를 이어나가는 흐름이 이어졌다. 대학의 이러한 기능과 관련해 재미있는 일은, 과학계 내에서 학문적 선조를 따라 거슬러 올라갈 수 있다는 것이다. 내 박사 학위 지도 교수가 블라다 리미크인데, 리미크 교수도 확률론을 전공한 영국 데이비드 앨도스David Aldous 교수에게서 몇 년 전에 지도를 받았다. 이 과정을 계속 이어갈 수 있다. 학생에서 교수로 거슬러 올라가면서 수학자의 완전한 '족보'를 그릴 수 있다는 뜻이다. 다음의 그림은 16세기까지 스무 세대 이상이나 거슬러 올라가는 나의 계보다.

따라서 나의 가장 먼 조상은 우리가 앞에서 이미 만난 적 있는 수학자인 니콜로 타르탈리아다. 타르탈리아는 독학으로 공부했기 때문에 그 이상 거슬러 올라가기는 불가능하다. 타르탈리아는 가난한 집안 출신으로, 심지어 어린 시절에 그에게 수학을 알려준 책들은 학교에서 훔친 것이라는 일화가 있을 정도다.

또한 이 족보에서 갈릴레이와 뉴턴 등 소개가 필요조차 없는 학자들의 이름과 마주한다. 한편에서는 확률론이 태어난 파리 아카데미를 창설했던 마랭 메르센의 이름도 보인다. 그의 제자인 질 페르손 드 로베르발Gilles Personne de Roberval은 그의 이름을 딴 천칭 저울을 발명한 사람이다. 조금 더 내려가면 보이는 조지 다윈George Darwin은 진화론의 아버지 찰스 다윈Charles Darwin의 아들이다.

　　이 계보에서 이러한 인물들을 마주치는 것은 전혀 놀랍지 않은데, 꽤 멀리 거슬러 올라가는 족보를 가진 수학자 대부분이 결국은 그 족보에서 위대한 이름들을 찾아내기 때문이다. 게다가 이 계보에는 내 직계 조상들만 있을 뿐 수많은 '사촌'들이 빠져 있다는 점을 언급하지 않을 수 없다. 오늘날 타르탈리아의 후손은 1만 3000명이 넘으며, 이 수는 매년 계속 늘어나고 있다.

수학에 관한 어마어마한 이야기

16장

기계의 도래

파리의 지하철 역 중에 하나인 아르에메티에Arts et Métiers 역은 희한한 역이다. 이 역에 내린 승객은 자신이 갑자기 구리로 건조된 거대한 잠수함 안에 들어와 있는 게 아닌가 착각할 수 있다. 커다란 구릿빛 톱니바퀴들이 역내 천장을 뚫고 나가고, 10여 개의 둥근 창이 측면에 줄지어 있다. 주변을 둘러보면 오래됐거나 더는 사용하지 않는 다양한 발명품을 재현한 신기한 모형들을 발견할 것이다. 타원형 톱니바퀴, 구형球形 천문관측의, 물레방아 등이 항공선, 회전로回轉爐와 함께 놓여 있다. 끝도 없이 계속해서 지하철 통로로 빨려 들어가는가 싶으면 다시 나타나는, 바쁜 파리 사람들의 물밀듯한 행렬만 없다면, 우리는 그제서야 쥘 베른 소설에서 바로 튀어나온 것 같은 네모 선장의 당당한 모습이 우리 앞에 나타나는 걸 보고 놀랄지도 모른다(아르에메티에 역은 쥘 베른의 『해저 2만 리』에 등장하는 잠수함 노틸러스

호에서 영감을 받아 지어졌다―옮긴이).

하지만 수면 위에서 우리를 기다리고 있는 것들에 비하면 지하철 역의 상식은 맛보기에 지나지 않는다. 나는 오늘 프랑스 국립공예원에 가는데, 이 박물관은 온갖 종류의 오래된 기계들 중 가장 중요한 소장품을 전시한다. 최초의 자동차에서부터 시작해 피스톤 압력측정기, 괘종시계, 볼타 전지, 천공카드를 이용한 방직기, 나사식 인쇄기, 사이펀 기압계 등을 거쳐 전신기까지, 이 모든 과거의 발명품들이 다시 등장해 지난 4세기 동안 나타난 놀랄 만한 기술의 소용돌이 속으로 나를 이끈다. 커다란 계단 한가운데에 멈춰 서니, 흡사 거대한 박쥐같이 생긴 19세기의 비행기가 보인다. 지하철 통로를 꺾자마자 20세기 러시아 학자들이 화성 표면을 굴러갈 수 있도록 처음 만든 로봇인 라마Lama와 마주친다.

이 모든 전설적인 물건들을 재빠르게 지나쳐 나는 곧바로 2층으로 향한다. 바로 이곳에 과학기구 전시관이 있다. 망원경, 물시계, 나침반, 로베르발Roberval 저울(저울판이 두 개 달려 있어, 한쪽에 추를 놓아서 반대쪽 물건의 무게를 재는 저울―옮긴이), 거대한 온도계, 두 개의 축으로 돌아가는 멋진 지구본까지! 그리고 곧 전시장 구석에서 내가 여기에 온 이유인 파스칼 계산기를 발견한다. 파스칼린pascaline이라고 불리는 이 신기한 계산기는 황동으로 된 관 모양으로, 길이 40센티미터, 폭 20센티미터에 표면에는 번호가 매겨진 바퀴 여섯 개가 고정되어 있다. 블레즈 파스칼은 열아홉 살밖에 안 된 1642년에 이 기계를 고안했다. 지금 내 앞에는 역사상 최초의 계산기가 있다.

최초라고? 솔직히 말해서 계산을 할 수 있게 해주는 도구들은 17세기 이전에도 있었다. 어떻게 보자면 모든 시대를 통틀어서 최초의 계산기는 손가락인 셈이고, 호모 사피엔스는 셈을 하기 위해 다양한 물건을 일찍부터 사용했다. 이상고 뼈에 새겨진 눈금, 우르크의 점토로 만든 코인, 고대 중국인들의 작은 막대기, 또는 고대부터 성공을 거둔 주판, 이 모든 도구가 수를 세거나 계산을 하는 데 도움을 준 장치다. 그렇지만 이들 중 어떤 것도 우리가 통상적으로 계산기라고 정의할 만한 것은 없다.

이 점을 이해하기 위해 잠깐 기존 주판의 원리가 무엇인지 자세히 살펴보자. 주판은 여러 개의 세로대와 위아래로 움직이는 구멍 뚫린 알들로 구성되어 있다. 오른쪽 첫번째 기둥은 1의 자리, 두번째는 10의 자리, 세번째는 100의 자리에 상응한다. 따라서 주판에 23을 놓으려면, 10의 자리에서 알 두 개를 위로 올리고, 1의 자리에서 알 세 개를 위로 올린다. 그리고 여기에 45를 더하고 싶다면 10의

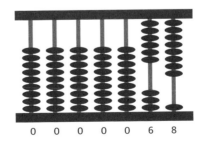

0 0 0 0 0 6 8

자리에서 네 개를, 1의 자리에서 다섯 개를 더 올리면 68이 된다.

그렇지만 덧셈을 하면서 자리 올림을 해야 하는 경우가 생기면, 약간의 조작을 추가로 해야 한다. 68에 5를 더할 때, 1의 자리에는 남은 알이 하나밖에 없다. 이 경우에 아홉 개를 다 올리고 나면, 자리 올림의 의미로 10의 자리 기둥에서 알을 하나 올리고 1의 자리는 0에서부터 다시 시작하기 위해 알을 전부 다 내려야 한다. 이렇게 해서 73을 구할 수 있다.

이 방법이 그렇게 어렵지는 않지만, 주판을 비롯해 파스칼린 이전에 나온 온갖 방식의 장치들이 계산기라는 명칭을 갖지 못하는 이유가 바로 이것 때문이다. 똑같은 연산을 수행하는데도 자리 올림 여부에 따라 사용자는 다른 동작을 해야 한다. 이렇게 되면 실제로는 기계가 계산 과정에서 어디쯤 진행되고 있는지를 인간에게 알려주는 메모장에 불과하고, 계산의 다른 과정은 손으로 직접 수행해야 하는 번거로움을 겪어야 한다. 반면 신식 계산기로 덧셈을 할 때는 계산기가 답을 찾는 방식을 가지고 걱정할 필요가 없다. 자리 올림이 있든 없든 신경 쓸 필요가 없다. 사람은 심사숙고하거나 상황에 맞추어 적응할 필요가 없으며, 계산기가 알아서 혼자 다 한다.

그러므로 이 기준에 따르면 파스칼린이야말로 역사상 최초의 계산기다. 기계 장치가 매우 정밀해서 장치를 만드는 사람은 노련한 솜씨가 필요하지만, 파스칼린의 작동 원칙은 꽤나 간단하다. 파스칼린 위에는 1에서 10까지 쓰여 있는 다이얼 바퀴가 여섯 개 있다.

수학에 관한 어마어마한 이야기

　오른쪽에서 첫번째 바퀴는 1의 자리 숫자를 의미한다. 두번째 바퀴는 10의 자리 숫자이고, 이런 식으로 계속 자릿수가 올라간다. 바퀴들 위에는 하나씩, 총 여섯 개의 작은 네모 칸이 있어서 각 자리의 숫자를 보여준다. 28을 나타내려면 10의 자리 바퀴의 다이얼을 시계 방향으로 두 칸 돌리고, 1의 자리 다이얼을 여덟 칸 돌리면 된다. 그러면 내부의 톱니바퀴가 회전하면서 2와 8이 바퀴 위의 네모 칸에 각각 나타난다. 이제 여기에 5를 더하고 싶으면, 여러분이 직접 자리 올림을 할 필요가 없다. 1의 자리에서 다이얼을 다섯 칸만 돌리면 된다. 그리고 1의 자리가 9에서 10으로 바뀌는 순간 10의 자리 숫자가 자동으로 2에서 3으로 바뀔 것이다. 그러고 나서 파스칼린에 33이 표시된다.

　게다가 자리 올림을 얼마나 하든지 상관없이 항상 마찬가지다. 파스칼린으로 99,999를 표시하고, 1의 자리에서 다이얼을 한 칸 돌려보라. 사용자가 그 외에 다른 어떤 행동을 하지 않아도 100,000을 표시하기 위해 모든 자릿수에서 오른쪽에서 왼쪽으로 연속해서 자리 올림이 되는 모습을 볼 수 있을 것이다.

파스칼 이후 수많은 발명가들이 계속해서 더 빠르고 효율적인 방식으로 점점 더 많은 연산을 처리할 수 있도록 파스칼린을 개량했다. 17세기 말에는 라이프니츠가 파스칼의 뒤를 이어 처음으로 더 간단하게 곱셈과 나눗셈을 할 수 있는 장치를 고안했다. 라이프니츠의 장치는 완전하지 않았고, 그가 제작한 기계는 몇 가지 특정한 경우에 자리 올림을 할 때 오류가 발생했다. 라이프니츠가 생각한 대로 완벽하게 작동하는 기계가 만들어지려면 18세기까지 기다려야 했다. 이 시기에 상상력과 창의력이 더 뛰어난 발명가들이 자극을 받아 성능이 더 좋고 신뢰할 수 있는 수많은 표본을 만들었다. 그렇지만 그나마 작은 크기의 계산기라고 해도 어떤 경우는 작은 가구만할 정도로, 장치가 복잡해질수록 그 크기가 점점 커진다.

19세기에 들어와서야 계산기가 대중화되어, 계산기의 친척 격인 타자기와 상당히 비슷한 수준으로 보급된다. 많은 회계사와 사업가 혹은 무역업자 사무실에 계산기를 구비해놓아, 계산기는 일종의 장식품으로 녹아들면서 빠른 속도로 필수불가결한 아이템이 된다. 그동안 계산기 없이 어떻게 지낼 수 있었는지 의아할 정도였다.

박물관을 계속 관람하면 파스칼린의 뒤를 이어 나온 여러 장치를 만날 수 있다. 토마 드 콜마르Thomas de Colmar가 만든 계산기, 레옹 볼레Léon Bollée의 곱셈이 가능한 계산기, 다양한 색의 뒤부아Dubois 계산기나 펠트Felt와 태런트Tarrant가 만든 컴프로미터Comprometor 등이 있다. 매우 큰 성공을 거둔 계산기 중 하나는 스웨덴 발명가 빌고트

테오필 오드네르Willgodt Theophil Odhner가 러시아에서 개발한 계산기였다. 이 계산기는 세 가지 주요 요소로 구성되었다. 위쪽 작은 지렛대를 이용해 계산하려고 하는 수를 표시하는 부분, 아래쪽 가로로 움직일 수 있는 캐리지와 그 위에 연산 결과가 나타나는 부분이 있으며, 오른쪽에는 계산을 수행하게 해주는 크랭크가 있다.

크랭크를 돌릴 때마다 윗부분에 표시된 수와, 아래쪽 캐리지 위에 이미 표시되어 있던 수가 더해진다. 뺄셈을 하려면 크랭크를 반대쪽으로 돌리면 된다.

374×523이라는 곱셈을 계산해보자. 윗부분에 374를 표시하고 크랭크를 세 번 돌린다. 그러면 아래쪽에 374×3의 결과인 1122가 표시된다. 그리고 캐리지를 10의 자리 방향으로 한 칸 옮기고 크랭크를 다시 두 번 돌린다. 374에 23을 곱한 값인 8602가 표시된다. 캐

리지를 한 번 더 100의 자리로 옮기고 크랭크를 다섯 번 돌리면 최종 곱셈 결과인 195,602가 나온다. 조금 익숙해지고 훈련을 하면 곱셈을 하는 데 몇 초밖에 안 걸릴 것이다.

1834년에 영국 수학자 찰스 배비지Charles Babbage에게, 아무리 좋게 말한다 해도 괴상망측하다고밖에 할 수 없는 생각이 하나 떠오른다. 계산기에 방직기를 접목시키면 어떨까 하는 아이디어였다. 몇 해 전부터 방직기의 기능은 여러 측면에서 개선되고 있었다. 그중 하나가 제어 장치를 바꾸지 않고도 같은 기계에서 수없이 다양한 패턴을 생산해낼 수 있게 해주는 천공 카드를 도입한 일이었다. 카드에 구멍이 뚫렸는지 아닌지에 따라, 연결된 고리가 통과하거나 통과하지 않을 수 있었고, 씨실이 날실 위로 가거나 아래로 가거나 했다. 말하자면 만들고자 하는 패턴을 천공 카드 위에 가져다놓으면 그다음부터는 기계가 알아서 일을 했다.

여기서 착안한 배비지는 덧셈이나 곱셈을 비롯한 몇몇 계산만 수행하는 것이 아니라 알아서 작동하고, 기계에 삽입한 천공 카드에 따라 수백 가지 다른 연산을 실행할 수 있는 기계식 계산기를 고안한다. 좀 더 정확하게 말하면, 이 기계는 모든 다항식의 연산, 즉 사칙연산과 거듭제곱이 어떤 순서로 되어 있든지 상관없이 섞여 있는 계산을 수행할 수 있었다. 사용자가 같은 동작만 하면 파스칼린이 계산을 해줬던 것과 같은 방식으로, 사용할 수나 수행할 연산이 무엇인지에 관계없이 배비지의 기계는 사용자가 같은 동작을 하게 해

수학에 관한 어마어마한 이야기

주었다. 예를 들면 오드네르 계산기처럼, 덧셈을 하느냐 뺄셈을 하나에 따라서 크랭크를 반대쪽으로 돌릴 필요가 없었다. 천공 카드에 식을 적기만 하면, 나머지는 기계가 알아서 했다. 이 혁신적인 작동 덕분에 배비지의 기계는 역사상 최초의 컴퓨터가 된다.

그렇지만 이 기능은 새로운 과제를 낳는다. 계산을 수행하기 위해 기계에 적합한 천공 카드를 제공할 수 있어야 했다. 천공 카드는 기계가 탐지할 구멍이 연속해서 나 있는지 채워져 있는지에 따라 단계별로 어떤 연산을 수행해야 하는지 알려준다. 따라서 사용자는 기계를 작동시키기 전에 수행하려고 하는 식을 기계가 읽을 수 있도록 연속해서 채워진 구멍과 뚫린 구멍으로 변환해야 한다.

영국 수학자 에이다 러브레이스Ada Lovelace가 이어서 이 변환 작업을 발전시킨다. 러브레이스는 기계 작동에 관심을 가졌으며, 배비지가 생각했던 것 이상으로 기계가 지닌 잠재력을 깊이 이해했다. 특히, 그녀는 100년도 더 전에 스위스의 자크 베르누이가 발견한, 미적분에 엄청나게 유용한 베르누이 수열을 계산할 수 있게 해주는 복잡한 코드를 기술했다. 이 코드는 일반적으로 최초의 컴퓨터 프로그램으로 인정받으며, 러브레이스에게 역사상 최초의 프로그래머라는 타이틀을 안겨주었다.

에이다 러브레이스는 1852년 36세의 나이로 사망했다. 찰스 배비지는 평생 동안 스스로 기계를 만들기 위해 노력했지만, 그것이 완성되기 전인 1871년에 사망했다. 마침내 배비지의 기계가 돌아가는 모습을 보기 위해서는 20세기까지 기다려야 했다. 움직이는 계산기를 관찰하는 일은 인상적이고도 환상적인 무엇인가가 있다. 높이 2미터, 폭 3미터에 달하는 웅장한 크기, 그리고 내부에서 왔다 갔다 흔들리기도 하고 소용돌이치기도 하는 수백 개의 톱니바퀴들이 연결된 움직임을 보고 있으면, 정신이 아득해질 만큼 멋지다는 생각이 든다.

배비지가 완성하지 못한 기구는 오늘날 런던 과학박물관에 자리 잡고 있으며, 지금도 그곳에서 관람할 수 있다. 21세기에 만들어진 복제품은 캘리포니아의 마운틴뷰에 있는 컴퓨터 역사박물관에 전시되어 있다.

20세기 들어와 컴퓨터는 배비지와 러브레이스가 전혀 상상하지 못했을 만큼 큰 성공을 거둔다. 가장 오래된 수학과 가장 최신 수학이 수렴된 결과, 계산기가 그 덕을 본 것이다.

한편으로 미적분과 허수를 도입하면서 전자기 현상에 대한 방정식을 세울 수 있게 되었고, 전자기 현상을 이해함으로써 조만간 전자 기기를 발명할 수 있게 된다. 그 덕분에 기계에 비견할 수 없는 속도의 물질적 인프라가 생겨났다. 다른 한편으로 19세기는 증명을 할 수 있게 해주는 수학의 토대, 공리, 기본적인 추론 들을 건드리는 질문들이 다시 태어나는 시기였다. 이로써 몹시 복잡한 계산 결과를 산출하기 위해 기초적인 수식을 효율적으로 구성할 수 있게 되었다.

이러한 혁신을 일으킨 장본인 중 한 명은 영국 수학자 앨런 튜링

Alan Turing이다. 튜링은 1936년에 수학에서 정리를 증명할 가능성과 컴퓨터공학에서 기계가 답을 구할 가능성을 비교하는 논문을 발표했다. 처음으로 그는 이론 전산학에서 아직까지 광범위하게 사용되고 있는 추상적인 기계의 작동을 기술하면서 자신의 이름을 붙인다. 튜링 기계는 순전히 가상의 장치다. 튜링은 기계가 실제로 만들어질 때 필요한 구체적인 장치에는 신경을 쓰지 않았다. 그저 기계가 실행할 수 있는 기본적인 연산들을 입력한 다음에, 기계가 이 연산들을 서로 조합하면서 결과를 구하는 것이 가능한지 자문한다. 여기서 우리는 공리를 먼저 설정하고 그다음에 공리들을 조합하면서 그로부터 정리를 도출해내려고 하는 수학자와 유사한 면이 있음을 감지할 수 있다.

결과 값을 얻기 위해 기계에 요청하는 일련의 지시 사항을 가리켜, 알콰리즈미라는 이름을 라틴어로 변형하여 '알고리듬 algorithm'(알고리즘algorism)이라고 부른다. 컴퓨터 알고리듬은 이미 윗세대 수학자들이 알고 있던 문제의 해법 과정에서 영감을 많이 얻었다. 알콰리즈미가 『복원과 대비의 계산』에서 추상적인 수학 대상만 다루는 대신에 바그다드 주민들이 이론을 다 알지 못해도 문제를 해결할 방법을 찾을 수 있는 실질적 방법론을 기술했다는 점을 기억하는가? 마찬가지로, 컴퓨터가 이해할 수 없는 이론을 일일이 설명할 필요가 없다. 단지 어떤 계산을 어떤 순서로 수행해야 하는지만 컴퓨터에게 알려주면 된다.

자, 컴퓨터에 제공할 수 있는 알고리듬의 예를 하나 들어보자. 이 컴퓨터는 수를 기입할 수 있는 기억 공간을 세 칸 가지고 있다. 여러분은 이 알고리듬이 계산해낼 것이 무엇인지 유추할 수 있겠는가?

A단계: 첫번째 기억 공간에 숫자 1을 입력한 다음, B단계로 넘어간다.

B단계: 두번째 기억 공간에 숫자 1을 입력한 다음, C단계로 넘어간다.

C단계: 첫번째 기억 공간과 두번째 기억 공간의 합을 세번째 기억 공간에 입력한 다음, D단계로 넘어간다.

D단계: 두번째 기억 공간의 숫자를 첫번째 기억 공간에 입력한 다음, E단계로 넘어간다.

E단계: 세번째 기억 공간의 숫자를 두번째 기억 공간에 입력한 다음, C단계로 넘어간다.

알고리듬이 E단계에서 C단계로 되돌아가므로, 우리는 기계가 반복적으로 명령을 수행하리라는 사실을 알아차릴 수 있다. 따라서 C, D, E단계는 무한대로 반복된다.

그렇다면 이 기계는 무엇을 하는 걸까? 별다른 설명 없이 차분히 이 일련의 지시 사항들을 해독하기 위해서는 조금 생각 해봐야 한다. 그렇지만 이 알고리듬이 계산하는 것이 우리가 이미 잘 알고 있는 수들이라는 사실을 알아차릴 수 있을 것이다. 이것들은 바로 피보나치수열*의 항이다. A단계와 B단계는 피보나치수열의 처음 두 항인 1과 1을 세팅해준다. C단계에서는 앞의 두 항을 더한다. D단계와 E단계는 계속해서 수열을 진행할 수 있도록 얻어진 결과를 앞으로 옮긴다. 따라서 기계가 작동하는 동안 기억 공간에 연속해서 표시되는 데이터들을 관찰한다면, 1, 1, 2, 3, 5, 8, 13, 21 등이 연이어 나오는 모습을 볼 수 있을 것이다.

이 알고리듬은 상대적으로 간단하지만, 튜링 기계가 알고리듬을 읽을 수 있게 만드는 일은 그렇게 간단하지가 않다. 튜링이 직접 정의한 대로, 사실 기계는 C단계에서처럼 덧셈을 할 수 없다. 기계는 단지 각 단계에서 하라는 대로 지시 사항을 따라 기억 장치에다 쓰고 읽고 이동시킬 수 있을 뿐이다. 하지만 단계별로 수들을 더하게 만드는 알고리듬을 제공하고, 주판처럼 자리 올림을 고려하면 기계에게 덧셈을 가르치는 일이 가능하다. 다시 말해서 덧셈은 기계의 공리에 속하지는 않지만 기존 공리들을 가지고 세운 정리들 중 하나이며, 이를 활용할 수 있도록 알고리듬을 제공해야 한다. 한마디로 튜링 기계가 피보나치 수를 계산할 수 있도록 C단계를 적합한 알고리듬으로 대체하기만 하면 된다.

그다음에는 문제가 점점 더 복잡해져도 튜링 기계에게 곱셈, 나눗셈, 제곱, 제곱근, 방정식 근 구하기, π나 삼각비 근삿값 계산, 기하

• 피보나치수열의 첫번째 두 항이 1, 1이고, 각 항은 앞의 두 항의 합이라는 사실을 기억하는가? 이처럼 피보나치수열은 1, 1, 2, 3, 5, 8, 13, 21……로 이어진다.

학 도형의 직교 좌표계 구하기나 미적분 계산까지 가르칠 수 있다. 요컨대 우리가 제대로 된 알고리듬을 제공하기만 하면, 튜링 기계는 우리가 지금까지 이야기한 수학을 전부 다 수행힐 수 있고, 정획성 측면에서 더 나은 결과를 낼 수 있다.

• 사색四色 정리 •

여러 지역이 그려져 있고 국경이 서로 구분되어 있는 지도를 꺼내자. 인접한 두 지역을 절대 같은 색으로 칠하지 않으면서 이 지도 전체를 색칠하려면 적어도 몇 가지 색깔이 필요할까?

1852년에 남아프리카공화국의 수학자 프랜시스 거스리

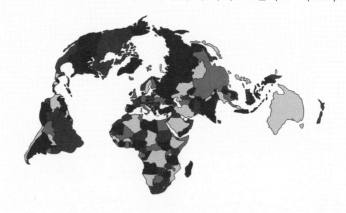

수학에 관한 어마어마한 이야기

Francis Guthrie가 이 질문에 관심을 가졌고, 어떤 지도든지 상관없이 네 가지 색깔만으로 칠할 수 있다는 가정을 세웠다. 그 이후에 수많은 학자들이 이를 증명하려고 시도했지만, 100년 넘게 누구도 성공하지 못했다. 그렇지만 몇몇 성과가 있었고, 지도가 나올 수 있는 모든 경우의 수는 1478가지이며, 각각의 지도에 수많은 검증이 필요하다는 사실이 밝혀졌다. 한 사람 혼자서, 심지어 팀을 꾸려서 팀원 전체가 투입된다 하더라도 이 검증을 완벽하게 해내기는 불가능하다. 전 생애를 이 문제에 쏟아부어도 안 될 것이다. 추측을 증명하거나 기각할 수 있는 방법론을 손에 쥐고도, 시간이 문제여서 그 방법론을 사용할 수 없는 수학자들의 절망감을 조금이라도 상상해보라!

그리하여 컴퓨터를 사용해보자는 생각이 1960년대에 몇몇 수학자들의 마음에 씨를 뿌리기 시작했고, 두 미국 학자 케네스 어펠Kenneth Appel과 볼프강 하켄Wolfgang Haken이 1976년에 마침내 이 정리를 증명했다고 발표했다. 그렇지만 지도 1478개를 전부 검증하려면 기계가 100억 개가 넘는 기본 연산을 해야 하고, 1200시간 이상이 걸릴 터였다. 이 발표는 수학계에 마치 폭탄을 투하한 것과 같은 효과를 낳았다. 이러한 새로운 유형의 '증명'을 어떻게 받아들여야 할까? 어떤 인간도 이렇게 긴 증명을 전부 다 읽을 수 없을 텐데, 이 증명의 타당성을 수용할 수 있을까? 우리가 어디까지 기계를 신뢰할 수 있을까?

이 질문들은 많은 논쟁에 불을 지폈다. 어떤 사람들은 기계가 실수하지 않을 거라고 100퍼센트 확신할 수는 없다고 주장했고, 또 다른 사람들은 인간만큼이나 기계를 믿을 수 있다고 반박했다. 전자 장치가 호모 사피엔스의 생물학적 구조보다 능력이 덜할까? 금속 기계가 생성한 증거는 유기체가 제공한 증거보다 신뢰할 수 없는 걸까? 우리는 수학자들, 그리고 때로는 위대한 학자들도 시간이 많이 흐른 뒤에야 알아낼 수 있는 오류를 종종 범하는 것을 보았다. 이러한 경우 때문에 수학이라는 체계 전체가 정당성을 의심받아야 하는 걸까? 아마 기계는 버그가 있을 수 있고 때로는 실수를 저지를 수도 있지만, 기계의 신뢰도는 적어도 인간과 비등하거나, 보통은 인간보다 더 낫다. 기계가 산출한 결과를 거부할 이유가 없다.

오늘날 수학자들은 컴퓨터를 신뢰하는 법을 배웠고, 그들 중 대다수는 이제 사색 정리의 증명이 유효하다고 생각한다. 이때부터 컴퓨터공학의 도움으로 수많은 연구가 증명되었다. 하지만 이런 유형의 방법을 항상 높게 평가하지는 않는다. 보통은 인간의 손으로 직접 공들여서 만들어낸 간결한 증거가 더 우아하다고 생각한다. 수학의 목적이 우리가 다룰 수 있는 추상적 대상을 이해하는 것이라면, 인간적 증거들이 훨씬 더 교육적이고, 그 증거들에 대한 심오한 의미를 대체로 더 잘 파악할 수 있게 해준다.

2016년 3월 10일, 전 세계가 서울을 주시했다. 모두가 기다렸던 세계 최고 기사인 이세돌과 컴퓨터 알파고AlphaGo의 바둑 대결이 서울에서 열렸기 때문이다. 〔2016년 3월 9일부터 15일까지, 하루 한 차례의 대국으로 총 5회에 걸쳐 진행된 바둑 대결이다. 최고의 바둑 인공지능 프로그램인 알파고와 바둑의 최고 인간 실력자로 꼽힌 이세돌의 대결은 전 세계의 주목받으며 한국어, 일본어, 중국어, 영어로 실황으로 방송됐다. 제1국, 제2국 제3국, 제5국은 알파고가 승리를, 제4국은 이세돌이 승리하면서 최종 결과, 알파고가 4승 1패로 이세돌에게 승리했다. 다음은 알파고가 승리한 제2국의 내용이다—옮긴이〕 인터넷과 여러 텔레비전 채널로 생중계되는 경기를 전 세계에서 수억 명이 지켜보았다. 그때까지 컴퓨터는 세계 정상급 인간을 이겨본 적이 없었다.

바둑은 기계에게 가르치기가 매우 까다로운 게임 가운데 하나로 알려져 있다. 전략적 측면에서 바둑 기사는 수많은 직관과 창의성이 필요하다. 기계가 계산에는 매우 강하지만, 직관적 행동을 모사하는 알고리듬을 찾기는 매우 어렵다. 체스를 비롯한 다른 유명한 게임은 그보다 훨씬 더 계산적이다. 1997년이 되자마자 커다란 반향을 일으켰던 체스 대결에서 '딥블루Deep Blue'가 세계 챔피언인 러시아의 가리 카스파로프Garry Kasparov를 이길 수 있었던 이유다. 체커 같은 다른 게임에서는 컴퓨터가 더는 깰 수 없는 선택을 개발하는 수준에까지 이르렀다. 이제는 누구도 체커 게임에서 컴퓨터를 이기리라고 기대하지 않는다. 2016년에는 전략 게임 계열 중에서 바둑이 기계의 공습에 굴복하지 않고 남은 마지막 종목이었다.

한 시간이 지났을 때, 서른일곱번째 수를 놓을 차례에 경기는 양측이 팽팽하게 진행되고 있는 듯이 보였다. 바로 그때 알파고는 경기를 지켜보는 모든 전문가들을 아연실색하게 만들었다. 알파고가 자신의 흑돌을 O10〔우변 화점 좌측 1칸─옮긴이〕에 두기로 결정한 것이다. 실시간으로 행마行馬를 해석하고 분석하는 해설자가 눈을 크게 뜨면서 해설판에다 흑돌을 놓고 망설이며 돌을 회수했다. 그는 모니터를 한 번 더 확인하고 마침내 흑돌을 다시 그 자리에 놓았다. 그러고는 당황스러운 미소를 지으며 "이건 너무 놀라운 수인데요!"라고 탄성을 내뱉었다. "실수 아닐까요?"라고 다른 사회자가 말했다. 전 세계에서 가장 유명한 전문가들도 모두 다 경악을 금치 못했다. 컴퓨터는 이제 막 큰 실수를 저지른 걸까, 아니면 반대로 천재적인 한 수를 둔 걸까? 174수를 더 두느라 세 시간 반이 지난 후, 최종적으로 이세돌 선수의 기권으로 결판이 났다. 기계가 승리를 거둔 것이다.

대국이 끝난 후 그 유명한 제37수를 수식하기 위해 창의적이다, 독특하다, 매혹적이다 등 온갖 형용사들이 빠지지 않고 등장했다. 기존 전략에서 볼 때는 나쁜 수라고 생각했지만 승리로 이끈 포석이

수학에 관한 어마어마한 이야기

된, 이와 같은 수를 둘 인간은 아무도 없을 것이다. 따라서 다음과 같은 질문이 제기된다. 인간이 작성한 알고리듬만 따를 뿐인 컴퓨터가 창의성을 보여줄 수 있을까?

이 질문에 대한 답은 새로운 유형의 학습 알고리듬에서 찾을 수 있다. 프로그래머들은 사실 컴퓨터에게 바둑을 가르친 것이 아니었다. 그들은 바둑을 배우는 법을 가르쳤다. 훈련 기간에 알파고는 자신을 상대로 바둑을 두면서 승리로 이끌 수 있는 수들을 스스로 찾아내는 데 수천 시간을 썼다. 알파고의 또 다른 특징 중 하나는 알고리듬에 우연을 도입했다는 점이다. 바둑에서 가능한 조합을 전부 다 계산하려면, 심지어 컴퓨터가 수행한다고 하더라도 그 수가 너무 많다. 이를 해결하기 위해 알파고는 자신이 탐색할 경로를 무작위로 뽑고 확률론을 활용했다. 컴퓨터는 가능한 모든 조합 중에서 작은 표본을 테스트할 뿐이며, 작은 그룹을 통해 인구 전체의 특성을 추정하는 방식으로 설문조사를 진행하는 것과 마찬가지로, 대국을 승리로 이끌 확률이 가장 높은 행마를 확정한다. 이렇듯 알파고가 지닌 직관과 독창성의 비밀 가운데 일부는, 일관된 방식으로 생각하지 않되 확률론에 따라 가능한 경우의 수를 검토하는 것이었다.

점점 더 복잡하고 성능이 더 좋은 알고리듬을 장착한 컴퓨터들은 전략 게임을 넘어서서 오늘날 컴퓨터가 할 수 있는 모든 분야에서 인간을 능가하고 있는 것 같다. 컴퓨터는 자동차를 운전하고, 수술을 하고, 음악을 만들거나 개성적인 그림을 그릴 수 있다. 기술적인 면에서 적합한 알고리듬으로 조작되는 기계가 수행하지 못할 인간의 활동을 상상하기는 어려울 지경이다.

단 수십 년 만에 이룬 이 경이로운 발전에 맞서서 미래의 컴퓨터가 할 수 있는 일이 무엇일지 누가 알겠는가? 그리고 어느 날 기계 스스로가 새로운 수학을 발명하지는 않을지 누가 알겠는가? 지금으로서는 컴퓨터가 가진 상상력을 자유롭게 펼치기에 수학이라는 게임은 너무 복잡하다. 주로 기술 분야와 계산에서 컴퓨터를 활용하는 데 머물러 있다. 하지만 알파고가 제37수를 두었던 것처럼, 어느 날 알파고의 후예가 전 세계 위대한 학자들을 아연실색하게 할 정리를 만들지도 모른다. 미래에 기계가 성취할 일들이 무엇일지 예측하기는 어렵지만, 아마도 기계가 우리를 놀라게 하지 않는다면 그게 놀라운 일이 될 것이다.

17장
—
앞으로의 수학

하늘은 어둡고, 빗소리가 취리히의 지붕 위로 울려퍼진다. 한여름에 이렇게 슬픈 날씨라니. 기차가 더는 늦게 도착하지 않을 것이다.

1897년 8월 7일 일요일, 기차역 플랫폼에서 생각에 잠긴 한 남자가 참석자들이 도착하기를 기다리고 있다. 아돌프 후르비츠Adolf Hurwitz는 수학자다. 독일 출신으로 취리히에 정착한 지 이제 5년이 되었고, 취리히 연방공과대학교에서 교수직을 맡고 있다. 그는 앞으로 사흘 동안 열릴 행사를 주최하는 데 중요한 역할을 맡았다. 16개국에서 온 세계 유명 학자들 중 일부가 지금 들어오는 열차에서 내려 플랫폼에 발을 디딘다. 내일은 제1차 세계 수학자 대회가 열릴 것이다. 게오르크 칸토어Georg Cantor와 펠릭스 클라인Felix Klein, 두 독일 학자가 주도했다. 칸토어는 무한에도 더 큰 무한이 있을 수 있음을 발견했을 뿐 아니라, 역설에 빠지지 않으면서 집합을 다룰 수 있는 집합론을 창시해서 유명해졌다. 클라인은 대수 구조 전문가다. 외교적 이유로 스위스가 제1차 세계 수학자 대회 개최국으로 선정됐지만, 독일이 이 대회를 처음 제안했다는 점이 놀랍지는 않다. 19세기 중반에 독일은 수학의 새로운 낙원으로 떠오르고 있었다. 괴팅겐과 괴팅겐 대학교는 수학계의 민감한 신경들이 다 모인 곳이자 명석한 두뇌들을 마주칠 수 있는 장소였다.

대회 참석자 200명 중에서 수론의 현대 공리를 정의했다고 알려진 주세페 페아노Giuseppe Peano 같은 이탈리아 학자나, 확률론 연구에 혁신을 가져온 안드레이 마르코프Andrey Markov 같은 러시아 학자, 특히 카오스 이론과 후에 나비 효과라고 불리는 것을 발견한 앙리 푸앵카레* 같은 프랑스 학자 등 수많은 학자들을 찾아볼 수 있다. 사흘 동안 이어지는 대회 기간에 수학계 인사들은 토론하고 교류하며, 학자들끼리 관계를 맺고, 또 서로 연구하는 분야 간에도 연관성을 찾을 것이다.

19세기 말, 수학계는 완전히 변모했다. 지리학적 의미만큼이나 지성적 의미에서도 학문이 확장되어 학자들이 서로 멀어졌다. 어느 한 개인이 수학의 모든 분야를 아우르기에는 수학이 너무 거대해졌다. 제1차 세계 수학자 대회에서 기조 연설을 했던 앙리 푸앵카레는 모

---

* 우리는 이미 앞에서 푸앵카레를 만났다. "수학을 한다는 것은 서로 다른 것에 같은 이름을 붙이는 일이다"라는 문장을 바로 푸앵카레가 썼다.

든 수학적 방법론에 숙달되고, 많은 수학 분야에서 의미 있는 진전을 이뤄내고, 다방면에서 뛰어난 학자 가운데 마지막 인물로 평가되곤 한다. 그와 함께 제너럴리스트의 시대가 끝났고, 그 자리는 스페셜리스트에게 넘어갔다.

그렇지만 수학계에 나타난 이러한 가차 없는 변화에 대응하여 수학자들은 함께 일할 기회를 더 늘리고, 수학을 나눌 수 없는 단일 블록으로 만들기 위해 그 어느 때보다 노력을 기울인다. 이 두 가지 상반된 기류가 팽팽한 가운데 수학은 20세기로 진입한다.

제2차 세계 수학자 대회는 1900년 8월에 파리에서 열렸다. 세계 대전 때문에 대회가 취소되는 등, 몇 번의 예외가 있었으나 그 이후로 대회는 4년마다 개최되었다. 가장 최근 대회는 2014년 8월 13일에서 21일까지 서울에서 개최되었다. 120개국에서 온 참석자가 5000명이 넘어, 서울 세계 수학자 대회는 이제까지 개최된 대회 중에서 가장 많은 수학자가 모인 자리였다. 다음 대회는 2018년 8월에 리우데자네이루에서 열릴 예정이다.

시간이 흐르면서 대회에 몇 가지 전통이 생겼다. 1936년부터 수학계에서 가장 영예로운 상인 필즈Fields상을 수여했다. 흔히 수학계의 노벨상으로 불리는 필즈상은 수학계에서 가장 중요한 훈장이다. 필즈 메달에는 아르키메데스의 초상과 함께 조금 과하다고 할 만한 그의 격언이 새겨져 있다. "*Transire suum pectus mundoque potiri*(스스로의 지성을 초월하고 세계의 주인이 되라)."

필즈 메달에 있는 아르키메데스의 초상.

———

이 같은 수학의 세계화가 가져온 또 다른 변화는 영어가 점차 수학계의 국제 언어로 인정을 받게 되었다는 점이다. 파리 세계 수학자 대회 때부터 어떤 참가자들은 강연과 발표가 프랑스어로만 진행되어 해외 참석자들이 이해하는 데 어려움을 겪는다고 불만을 토로하는 지경이었다. 제2차 세계대전이 발발하자 많은 유럽 학자들이 미국과 미국 내 유수의 대학으로 빠져나가면서 이러한 흐름이 전반적으로 확장되었다. 오늘날에는 거의 대부분의 수학 논문이 영어로 쓰이고 발표된다.[*]

한 세기 만에 수학자의 수 역시 상당히 증가했다. 1900년에는 수학자가 기껏해야 몇 백 명밖에 없었고, 이들 중 대다수가 주로 유

———

[*] 1991년부터 미국 코넬 대학교에서 만든 웹사이트 arXiv.org를 통해 전 세계에서 발표된 논문들이 인터넷에서 자유롭게 배포된다. 수학 논문이 어떻게 생겼는지 보고 싶다면 이 사이트에 들어가서 한번 훑어보라.

럽에서 살았다. 오늘날 전 세계에는 수만 명의 수학자가 있다. 매일 수십여 편의 새로운 논문이 발표된다. 현재 세계 수학계에서 4년마다 새로운 정리가 약 100만 개씩 만들어지고 있다는 추정이 나올 정도다!

수학의 통합은 또한 수학 자체의 근본적 재편성을 통해 달성된다. 이러한 흐름에 가장 적극적으로 동참한 장본인으로 독일 학자 다비트 힐베르트David Hilbert가 있다. 괴팅겐 대학 교수였던 힐베르트는 푸앵카레와 함께 20세기 초에 매우 우수하고 영향력 있는 수학자로 꼽힌다.

힐베르트는 1900년 파리 세계 수학자 대회에 참석했고, 8월 8일 수요일에 소르본 대학교에서 명강연을 했다. 이 강연에서 힐베르트는 자신이 생각하기에 이제 막 문을 연 20세기의 수학을 이끌어갈, 해결되지 않은 중요한 문제들의 목록을 발표했다. 수학자들은 도전을 사랑하는 사람들이고, 그의 제안은 과녁을 적중했다. 힐베르트가 낸 문제 스물세 개는 수학자들의 관심을 불러일으켰고, 대회 참석자들뿐 아니라 전 세계로 퍼져나갔다.

2016년 현재, 힐베르트가 제시한 문제들 중에서 네 개는 아직 해결되지 않은 상태다. 힐베르트 목록에서 여덟번째로 제시된 '리만 가설'은 현재 수학계에서 가장 중요한 추측으로 널리 인정되고 있다. 이 문제의 관건은 베른하르트 리만이 19세기 중반에 세운 방정식에서 가상의 정답을 찾는 것이다. 이 방정식이 특히 흥미로운 것은 고대부터 연구된, 무척 오래된 미스터리인 소수素數*를 풀 열쇠를 쥐고 있기 때문이다. 에라토스테네스는 기원전 3세기에 최초로 소수의 수열을 연구한 사람이었다. 여러분도 리만 방정식의 해를 찾아보라. 그러면 수론에서 중요한 위치를 차지한 소수에 관한 정보를 많이 얻을 것이다.

힐베르트가 낸 스물세 개 문제들은 저마다 제 갈 길을 가지만, 힐베르트 자신은 거기서 멈추지 않는다. 그 후 몇 년 동안 힐베르트는 수학 전체를 견고하고 신뢰할 만하며 결정적인 하나의 기반 위에 올려놓을 목적으로 거대한 프로그램에 착수한다. 그의 목표는 모든 수학 분야를 포괄하는 단 하나의 이론을 만드는 것이었다! 데카르트와 직교 좌표계가 등장한 때부터 기하학 문제를 대수학 언어로 표현할 수 있게 된 것을 기억하는가? 어떤 면에서 보면 기하학은 그러면서 대수학의 하위 분야가 되었다. 하지만 이렇게 서로 다른 분야를 통합하는 일을 수학 전체로 확산시킬 수 있을까? 다시 말해 기하학에서 대수학, 미적분, 확률론에 이르기까지 모든 수학 분야를 아우르는 상위 이론을 찾을 수 있을까?

이 상위 이론은 실제로 게오르크 칸토어가 19세기 말에 집합론의 틀을 다시 가져오면서 출현했다. 이 이론을 공리화할 여러 명제가

• 소수는 자신을 제외한 더 작은 두 수의 곱으로 표현할 수 없는 수다. 예를 들어 5는 소수지만, 6
  은 2×3＝6으로 쓸 수 있으므로 소수가 아니다. 소수의 수열은 2, 3, 5, 7, 11, 13, 17, 19······이다.

수학에 관한 어마어마한 이야기

20세기 초에 그 모습을 드러냈다. 1910년에서 1913년에 영국 수학자 앨프리드 노스 화이트헤드Alfred North Whitehead와 버트런드 러셀Bertrand Russell이 세 권으로 된 『수학 원리Principia Mathematica』를 출간했다. 이 책에서 화이트헤드와 러셀은 공리와 논리 규칙을 제시했는데, 이를 비롯해 나머지 수학을 전부 새로 만들었다. 가장 유명한 구절 중 하나는 제1권의 362쪽에 있는데, 화이트와 러셀은 수론을 새로 만들고 난 다음에야 마침내 1＋1＝2라는 정리에 도달한다! 이토록 기초적인 등호를 설명하기 위해 이렇게나 많은 페이지와, 초심자들이 이해하기 힘든 과정이 학자들에게 필요하다는 사실이 흥미롭다. 1＋1＝2를 증명하기 위해 화이트헤드와 러셀이 사용한 기호논리학 언어가 어떻게 생겼는지 재미 삼아 한번 살펴보자.

$$*54{\cdot}43. \quad \vdash :. \alpha, \beta \,\epsilon\, 1 \,.\, \supset : \alpha \cap \beta = \Lambda \,.\, \equiv \,.\, \alpha \cup \beta \,\epsilon\, 2$$

Dem.

$$\vdash . *54{\cdot}26 . \supset \vdash :: \alpha = \iota'x . \beta = \iota'y . \supset : \alpha \cup \beta \,\epsilon\, 2 . \equiv . x \neq y .$$
$$[*51{\cdot}231] \qquad\qquad\qquad\qquad \equiv . \iota'x \cap \iota'y = \Lambda .$$
$$[*13{\cdot}12] \qquad\qquad\qquad\qquad \equiv . \alpha \cap \beta = \Lambda \qquad (1)$$
$$\vdash . (1) . *11{\cdot}11{\cdot}35 . \supset$$
$$\vdash :: (\exists x, y) . \alpha = \iota'x . \beta = \iota'y . \supset : \alpha \cup \beta \,\epsilon\, 2 . \equiv . \alpha \cap \beta = \Lambda \qquad (2)$$
$$\vdash . (2) . *11{\cdot}54 . *52{\cdot}1 . \vdash . \text{Prop}$$

From this proposition it will follow, when arithmetical addition has been defined, that $1 + 1 = 2$.

이 부호들의 결합이 무엇인지 이해하려고 하지 말라. 처음부터 361쪽까지 다 읽지 않고는 절대로 이해할 수 없으니까.'

화이트헤드와 러셀 이후, 공리들을 개선하고자 다른 명제들이 제시되었고, 오늘날 현대 수학의 대다수가 실제로 집합론의 몇몇 기본 공리에서 그 토대를 찾는다.

또한 이러한 수학의 통합은 언어 논쟁을 촉발시켰다. 당시 몇몇 수학자들은 수학을 단수로 사용해야 한다고 주장하기 시작했다. 수학을 복수로 쓰지 말고 단수로 써라!〔프랑스어에서 '수학'은 mathématiques로 복수 명사다―옮긴이〕 수학을 단수로 지칭해야 한다고 주장하는 수학자들이 지금도 여전히 많지만, 습관은 오래가고 지금으로서는 수학을 복수로 쓰는 관습이 없어질 성싶지 않다.

집합론이 깜짝 놀랄 만큼 큰 성공을 거두었음에도 힐베르트는 여전히 만족하지 못했는데,『수학 원리』에서 제시한 공리에 대한 신뢰도에 몇 가지 의심을 품고 있어서였다. 하나의 이론이 완벽하다고 인정받으려면 정합성과 완전성, 이 두 가지 기준을 충족해야 한다.

정합성이란 이론에 모순이 있는 것을 용인하지 않는다는 것을 의미한다. 어떤 논리식에서 어떤 사실과 그것의 부정否定이 동시에 성립하는 것은 불가능하다. 예를 들어 공리 중 하나는 $1+1=2$를 증명하고 또 다른 공리는 $1+1=3$이라는 결론을 낸다면, 이론 자체에 모순이 있으므로 이 이론은 정합성이 없다. 완전성이란 이론의 공리만

• 앞의 내용을 읽는다고 해도 솔직히 이해하기가 쉬운 건 아니다.

수학에 관한 어마어마한 이야기

으로 그 체계 안에서 참인 문장을 전부 증명할 수 있어야 한다는 뜻이다. 예를 들어 어떤 산술 이론이 2+2=4를 증명할 수 있는 충분한 공리를 가지고 있지 않다면, 이 이론은 불완전한 것이다.

『수학 원리』가 이 두 가지 기준에 부합하는지를 보여주었을까? 모순이 하나도 없고, 상상할 수 있는 모든 정리를 도출해낼 수 있을 만큼 정확하고 강력한 공리들이라는 확신을 주었을까?

쿠르트 괴델Kurt Gödel이라는 오스트리아-헝가리 제국의 젊은 수학자가 1931년에 「『수학 원리』 및 관련 체계에서 형식적으로 결정 불가능한 명제에 관하여」라는 논문을 발표하자, 힐베르트의 프로그램은 급작스럽게 중단되는 상황에 처했다. 괴델은 이 논문에서 정합성을 갖춘 동시에 완전무결한 상위 이론은 존재할 수 없다고 단언하는 기상천외한 정리를 증명했다. 『수학 원리』가 정합성을 갖추고 있다면, 증명할 수도 반박할 수도 없는 이른바 '결정 불가능한' 명제들이 충분히 존재해야 한다. 그러므로 이 명제들이 참인지 거짓인지 확정하는 것은 불가능하다는 주장이었다.

• 괴델의 감미로운 파국 •

괴델의 불완전성 정리는 수학적 사고의 기념비적 전환이다. 이 정리의 일반 원칙을 이해하기 위해서는 우리가 수학을 기술하는 방식을 좀 더 자세히 들여다봐야 한다. 다음은 수론의 두 가지 기초적 명제다.

A. 두 짝수의 덧셈은 항상 짝수다.

B. 두 홀수의 덧셈은 항상 홀수다.

위의 두 명제는 제법 명료하고, 이를 비에트의 대수 언어로 적는 데 별문제가 없을 것이다. 조금 더 생각해보면 첫번째 명제 A는 참이고, 두번째 명제 B는 거짓임을 알 수 있다. 두 홀수의 합은 항상 짝수이니 말이다. 따라서 우리는 다음의 두 가지 새로운 기술을 할 수 있다.

C. 주장 A는 참이다.

D. 주장 B는 거짓이다.

새로운 두 문장은 약간 특이하다. 이 문장들은 엄밀한 의미에서 수학적 진술이라기보다는, 수학적 진술에 대해 말하는 진술에 가깝다. A, B와 달리 C, D는 누가 봐도 비에트의 기호논리학 언어로 쓸 수 없다. 이들 문장의 주어는 수나 기하학 도형이 아니고, 수론이나 확률론, 미적분의 대상도 아니다. C와 D를 메타수학적 진술이라고 부르는데, 메타수학적 진술이란 수학적 대상이 아닌 수학 그 자체에 대해 말하는 것을 의미한다. 정리는 수학적이다. 그런데 그 정리가 참이라는 명제는 메타수학적이다.

이 구분이 미묘하고 별로 큰 차이가 없는 듯이 보일 수 있지만, 괴델은 메타수학을 믿을 수 없을 정도로 기발하게 공식화해서 자신의 정리를 얻는다. 괴델의 업적은 수학을 적을 때와 똑같은 언어로 메타수학적 진술을 적는 방법을 찾아낸 것이다. 문장을 수처럼 해석할 수 있게 해주는 기발한 과정 덕분에 수, 기하학, 확률 등에 대해 말할 수 있을 뿐 아니라, 갑자기 수학이 수학 자신에 대해 말할 수 있게 됐다.

스스로에 대해 말하는 것이라…… 아무것도 떠오르지 않는가? 유명한 에피메니데스의 역설에서 그리스 시인 에피메니데스는 어느 날 모든 크레타 섬 사람들이 거짓말쟁이라고 말했다. 에피메니데스 자신도 크레타 사람이므로, 그의 발언이 참인지 거짓인지 모순에 빠지지 않고 확정하기는 불가능하다. 뱀이 제 꼬리를 문 셈이다. 지금까지 수학적 진술은 수학 자체가 지시 대상이 되는, 이러한 종류의 명제(자기언급적 명제)는 다루지 않았다. 하지만 괴델 덕분에 수학 안에서 자체적으로 같은 종류의 현상을 표현할 수 있게 되었다. 다음의 기술을 살펴보자.

  G. 주장 G는 이론의 공리들을 가지고 증명할 수 없다.

이 문장은 명백하게 메타수학적이지만 괴델의 재치로 어쨌든 수학적 언어로 표현할 수 있다. 따라서 이론의 공리를 가지고 G를 증명하려고 시도하는 일이 가능하다. 그리고 여기에서 두 가지 전형적인 경우가 나타난다.

G를 증명할 수 있는 경우. 하지만 이 경우에 주장 G 자체가 스스로를 증명할 수 없다고 주장하기 때문에 이는 G가 틀렸다는 의미다. 따라서 G는 거짓이다. 그런데 무엇인가 틀린 것을 증명하는 일이 가능하다면, 이는 이론 전체가 성립하지 않는다는 뜻이다. 이론에 정합성이 없다.

G를 증명할 수 없는 경우. 이 경우에 G가 말하는 것은 참이다. 그리고 이는 어떤 명제가 참인데도 해당 논리의 공리를 가지고 이를 증명할 수 없다는 의미다. 이론 안에서 접근할 수 없는 진실이 존재하기 때문에 결국 이 이론은 불완전하다.

달리 말하면 앞의 두 가지 경우에서 우리는 모두 패자다. 이론에 정합성이 없거나 완전성이 없다. 괴델의 불완전성 정리는 힐베르트의 달콤한 꿈을 끝내 완전히 산산조각 냈다. 이론을 바꾸면서 문제를 빠져나가려 해도 소용없다. 이 결과는 『수학 원리』에만 적용되는 것이 아니라 이를 대체할 수 있는 다른 이론에도 전부 적용된다. 모든 정리를 증명할 수 있게 해주는 유일하고 완벽한 이론은 존재할 수 없다.

하지만 희망이 하나 남아 있었다. G가 결정 불가능하긴 하지만, 솔직히 말해서 수학적 관점에서 G가 그다지 흥미롭지는 않다. G는 괴델이 에피메니데스의 비약을 논파하기 위해 억지로 짜 맞춘 심심풀이 장난에 불과하다. 하지만 주요 수학 문제들은 흥미로웠고, 이 문제들은 자기언급의 함정에 빠지지 않을 수 있었다.

그러나 유감스럽게도 한 번 더, 힐베르트의 꿈이 실현 불가능하다는 것을 수긍하고 인정해야 했다. 미국 수학자 폴 코언Paul Cohen이 1963년에 힐베르트가 제출한 문제 스물세 개 중 첫번째 문제도 결정 불가능한 진술이라는 이상한 유형에 속한다는 사실을 증명했다. 『수학 원리』의 공리들을 가지고 이 점을 증명하거나 반박하기는 불가능하다. 이 첫번째 문제가 어느 날 해결된다면, 틀림없이 다른 이론 체계 안에서나 가능할 것이다. 하지만 이 새로운 이론도 마찬가지로 다른 논리적 비약이나 결정 불가능한 진술들을 포함하고 있을 것이다.

수학의 토대에 관한 연구가 20세기에 중요한 자리를 차지하기는 했지만, 다른 분야들이 제 갈 길을 찾아가는 걸 방해하지는 않았다. 지난 수십 년 동안 발전한 수학의 다양성이 얼마나 풍성한지 전부

다 기술할 수는 없다. 그렇지만 잠시 지난 세기에 채취한 눈부신 사금砂金 가운데 망델브로 집합에 주의를 집중해보자.

이 근사한 창조물은 어떤 수열의 속성을 분석하는 도중에 갑자기 등상했다. 여러분이 원하는 수 하나를 고른 후, 제1항은 0이고 각 항은 전항의 제곱에 우리가 선택한 수를 더하는 수열을 만들어보라. 예를 들어 여러분이 2를 선택한다면, 이 수열은 0, 2, 6, 38, 1446……으로 시작할 것이다. $2=0^2+2$, $6=2^2+2$, $38=6^2+2$, $1446=38^2+2$이라는 것을 금방 알 수 있다. 2 대신에 -1을 선택했다면, $0, -1, 0, -1, 0$……이라는 수열이 생긴다. 이 수열은 $-1=0^2-1$이고 $0=(-1)^2-1$이므로 오로지 0과 -1만 번갈아서 나타난다.

이 두 가지 예시는 선택한 수에 따라 만들어지는 수열에 굉장히 다른 두 가지 양상이 나타난다는 것을 보여준다. 2를 선택한 경우처럼, 점점 더 큰 값이 생겨나면서 순식간에 무한대로 가버릴 수 있다. 또 -1을 선택한 경우처럼, 발산하지 않는 수열이 나올 수 있다. 다시 말해 그 값이 멀리 가버리지 않고 제한된 구역에 머물 수도 있다. 따라서 정수든 소수든, 심지어 허수라도, 모든 수는 이 두 경우 중 한 군데에 속한다.

수의 이러한 분류는 상당히 추상적으로 보일 수 있으므로, 이를 조금 더 시각화하고자 한다면, 직교 좌표계를 사용해 기하학적으로 재현할 수 있다. 이미 전에 했던 것과 마찬가지로 도면의 x축 위에 모든 실수를, 그리고 나서 y축에는 허수를 배치하자.* 이제 두 가지

수학에 관한 어마어마한 이야기

유형에 속하는 점을 다른 색깔로 칠할 수 있다. 그러면 멋진 도형이 하나 나타난다.

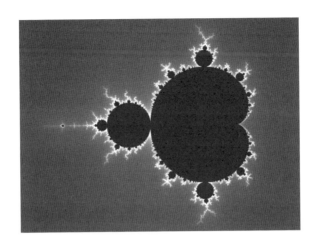

이 도형에서 검은색으로 칠한 수는 발산하지 않는 수열을 생성하는 것이고, 회색으로 칠한 수는 무한대로 가버리는 것이다. 엄청나게 미세하고 때로는 육안으로 보기 힘든 몇몇 세부적인 부분을 더 잘 알아볼 수 있도록 검은색 도형 뒤로 하얀 '그림자'를 그려놓았다.

그림의 좌표 하나하나를 구하는 데도 계산을 하고 수열을 연구해야 하기에, 이 도형 전체를 그리려면 수많은 계산을 수행해야 한다. 그렇기 때문에 컴퓨터가 정확한 표상을 만들 수 있는 1980년대 초

• 0은 한가운데에, 음수는 왼쪽에, 양수는 오른쪽에 둔다.

가 될 때까지 기다려야 했다. 프랑스 수학자 브누아 망델브로Benoît Mandelbrot는 처음으로 이 도형의 기하학을 자세히 연구한 학자로, 그의 동료들이 결국 이 도형에 그의 이름을 붙였다.

망델브로 집합은 매력적이다. 망델브로 도형의 윤곽은 조화와 정밀함을 보이는, 있을 법하지 않은 기하학적 레이스 같다. 도형의 가장자리를 확대해서 살펴보면, 무한히 정교하고 믿을 수 없을 정도로 조밀한 무늬가 계속해서 나타나는 것을 볼 수 있다. 이 도형을 자세히 분석할 때, 솔직히 말해서 망델브로 집합이 숨기고 있는 형태의 풍성함을 단 하나의 이미지로 포착하기는 거의 불가능하다. 다음 쪽에서 이 도형의 세밀한 부분들 중 자그마한 단편을 볼 수 있다.

하지만 망델브로 도형의 더 놀라운 점은 어이없을 정도로 그 정의가 간결하다는 사실이다. 이 도형을 그리기 위해 괴물 같은 방정식이나 난해하고 막연한 계산을 해야 한다거나 해괴한 도형을 그려야 했다면, "그럼 그렇지, 도형이 아름다우면 뭐 하나. 너무 인위적이고 별로 관심이 안 가는걸"이라고 말했을 것이다. 하지만 이 도형은 그저 몇 개의 단어로 정의할 수 있는 수열의 기초적 속성을 기하학적으로 나타낸 것이다. 아주 간단한 규칙으로부터 이 같은 기하학적 경이로움이 탄생했다.

이러한 종류의 발견은 어쩔 수 없이 수학의 성질에 대한 논쟁을 촉발시킨다. 수학은 인간의 발명품인가, 아니면 그 자체로 존재하는 것인가? 수학자란 발견하는 사람일까, 창조하는 사람일까? 언뜻 보

기에 망델브로 집합은 발견 쪽의 손을 들어주는 것처럼 보인다. 이 도형의 형태가 어마어마하기는 하지만, 망델브로가 이렇게 만들어야지 하고 결정해서 그런 것이 아니다. 망델브로는 이러한 도형을 만들려고 하지 않았다. 이 도형은 그저 있어야 할 자리에 있었을 뿐이다. 도형은 그 자체로 존재하는 것 말고는 다른 무엇도 할 수 없었을 것이다.

그렇지만 순전히 추상적일 뿐만 아니라 그 쓰임새가 수학의 비물질적 범위를 넘어서지 않는 대상을 지켜보면 여전히 이상한 점이 눈에 띈다. 수나 삼각형, 방정식은 추상적이지만 이들은 실제 세계를 파악하는 데 유용할 수 있다. 지금까지 추상화는, 설사 물질계에서 멀리 떨어져 있다고 해도 그 물질계가 항상 반영된 것처럼 보였다. 그런데 망델브로 집합은 더는 물질계와 어떤 직접적 연관성도 없는 것 같다. 가까이서 보나 멀리서 보나, 이 도형과 닮은 구조를 채택한 어떤 물리적 현상도 알려진 바가 없다. 그러면 왜 여기에 관심을 가져야 하는 걸까? 천문학에서 새로운 행성을 발견하거나 생물학에서 새로운 동물종을 발견한 것과 망델브로가 발견한 것을 동일선상에 놓을 수 있을까? 그 자체로 연구될 만한 가치가 있는 대상인가? 다른 말로 해서 수학은 다른 과학과 대등한 학문인가?

아마도 많은 수학자들이 여기에 '그렇다'라고 대답할 것이다. 하지만 수학은 인간 지식의 가장 깊숙한 곳에서 독특한 자리를 차지하고 있다. 수학이 독특한 이유 중 하나는, 수학이 수학적 대상이 지닌 아름다움과 모호한 관계를 맺었다는 데 있다.

거의 모든 과학에서 유난히 아름다운 것들이 발견된다는 말은 사실이다. 천문학자들이 우리에게 주는 천체 이미지들이 이러한 예다. 우리는 은하수의 형태나 반짝거리는 혜성의 꼬리, 성운의 영롱한 빛깔에 감탄한다. 확실히 우주는 아름답다. 이는 분명 행운이다. 하지만 우주가 아름답지 않았더라도, 우리가 할 일이 별로 없지는 않았을 것이다. 천문학자에게 이는 선택의 문제가 아니다. 천체는 천체일 뿐, 비록 천체가 아름답지 않았을지라도 천문학자들은 천체를 연구했을 것이다. 물론 무엇이 아름답거나 아름답지 않느냐 하는 정의는 매우 주관적이지만, 여기서 다룰 문제가 아니다.

반면 수학자는 조금 더 자유로운 것 같다. 우리가 앞에서 이미 봤던 것처럼 대수 구조를 정의하는 방식은 무한대다. 그리고 그 각각의 구조에서 우리가 그 특성을 연구할 수 있는 수열을 정의하는 방식도 무한대다. 그중 대부분이 망델브로 집합처럼 아름답지는 않을 것이다. 수학에서는 우리가 무엇을 연구할지 선택할 자유가 훨씬 더 많다. 우리가 연구할 수 있는 무한개의 이론에서 우리가 선택하는 이론은 대체로 제일 우아해 보이는 이론이다.

이러한 접근은 예술적 접근과 더 비슷해 보인다. 모차르트 교향곡은 무척 아름답지만 이는 우연의 산물이 아닌, 모차르트가 아름다운 교향곡을 만들기 위해 노력한 결과물이다. 그가 만들 수 있는 무한개의 곡들 중에서 대다수는 끔찍하리만큼 아름답지 않을 것이다. 무작위로 아무 피아노 건반이나 눌러보면 아마 이 말을 믿어 의심치 않을 것이다. 예술가의 재능이란 무한대의 무의미한 가능성 중에서 경탄할 만한 몇몇 사금을 찾는 일이다.

　같은 방식으로, 수학자의 재능은 곧 무한한 수학계에서 관심을 받아 마땅한 대상을 찾는 법을 아는 것이다. 만약 망델브로 도형이 아름답지 않았다면 과학자들이 여기에 관심을 조금 덜 가졌으리라는 점은 당연하다. 아무도 연주하지 않는 아름답지 않은 교향곡과 마찬가지로, 망델브로 도형도 관심을 받지 못한 무수히 많은 도형 중 하나로 남았을 것이다.

　그러면 수학자란 과학자이기보다는 예술가인 걸까? '그렇다'라고 단언하는 것은 약간 과장일 것이다. 이 질문에 딱 한 가지 의미만 있는 걸까? 과학은 진리를 탐구하고 때때로 우연히 아름다움을 발견한다. 예술가는 아름다움을 탐구하고 때때로 우연히 진리를 발견한다. 수학자는 이따금 이 둘 사이에 차이가 있다는 데 신경 쓰지 않는 것 같다. 수학자는 진리와 아름다움을 동시에 찾는다. 진리와 아름다움을 가리지 않고 발견한다. 무한한 캔버스에 색깔을 섞는 것처럼, 참과 아름다움, 유용함과 불필요함, 평범한 것과 일어날 법하지 않은 것을 뒤섞는다.

　수학자가 자신이 무엇을 하고 있는지 항상 잘 이해하는 것은 아니다. 수학자가 세상을 떠나고 시간이 한참 지나서야 그 수학이 비밀과 진정한 속성을 스스로 드러내는 경우도 꽤 자주 있다. 피타고라스, 브라마굽타, 알콰리즈미, 타르탈리아, 비에트를 비롯해 모든 수학자는, 수학이 지금 하는 것들이 다 가능하리라고 생각하지 않은 채 수학을 발명했다. 그리고 우리도 다음 세기에 수학이 할 수 있는

　　　　　　　　　　　수학에 관한 어마어마한 이야기

모든 것을 짐작하지 못하고 있을지도 모른다. 수학이라는 작품의 진정한 가치가 무엇인지 제대로 평가받기 위해 얼마만큼 거리를 두어야 하는지는 오직 시간만이 알고 있다.

에필로그

자, 이제 우리의 이야기가 끝났다.

적어도 21세기 초에 이 책을 쓰면서 내가 기술할 수 있는 부분의 마지막에 이르렀다. 이 다음은 어떤 이야기가 펼쳐질까? 역사가 끝나지 않으리라는 것은 명백하다.

우리가 과학을 하는 이상, 한 주제에 대해 점점 더 많이 알수록 우리의 무지가 어느 정도인지 점점 더 깊이 깨닫는다는 사실을 받아들여야 한다. 답을 하나 찾으면 새로운 질문이 열 개씩 생긴다. 이 끝없는 게임은 우리를 고통스럽게 짓누르기도 하지만 크나큰 기쁨을 주기도 한다. 우리가 모든 것을 다 알 수 있다면, 더는 아무것도 알아낼 것이 없다는 더 큰 절망에 앎의 기쁨이 즉각 가려질 것이다. 하지만 겁먹을 필요는 없다. 운 좋게도 아직 앞으로 해야 할 수학은 우리에게 알려진 것보다 틀림없이 훨씬 더 광대하다.

수학에 관한 어마어마한 이야기

미래의 수학은 어떤 모습일까? 이 질문을 생각하면 아찔하다. 지식의 경계선에 다가가서 우리가 알지 못하는 것의 범위가 전부 얼마나 되는지 바라보는 일은 굉장하다. 새로운 발견이라는 황홀한 맛을 한번 느껴본 사람에게 미지의 땅이라는 유혹은 정복한 땅이 주는 안정감보다 아마 한층 더 강력할 것이다. 수학은 아직 길들여지지 않았을 때 훨씬 매력적이다. 저 멀리 펼쳐진 불분명한 세계에서, 우리가 알지 못하는 무한한 대초원으로부터 아무렇게나 튀어나오는 야생의 아이디어를 관찰하는 일은 넋을 잃게 만든다. 우리가 추측한 아이디어는 숭고하고, 그 신비로움은 우리의 상상력에 달콤한 고통을 선사한다. 어떤 아이디어들은 가까이 있는 것처럼 보인다. 손을 뻗기만 하면 닿을 수 있을 거라는 생각이 들기도 한다. 또 다른 아이디어들은 너무 멀리 있어서 거기까지 닿으려면 몇 세대가 지나야 할 것이다. 앞으로 다가올 세기의 수학자들이 무엇을 발견할지는 아무도 모르지만, 넘치는 놀라움을 선사하리라는 것은 거의 틀림없다.

2016년 5월, 나는 파리 6구에 있는 생쉴피스Saint-Sulpice 광장에서 매년 열리는 '문화 및 수학 게임 박람회'의 통로들을 거닌다. 이곳은 내가 특히나 좋아하는 장소다. 여기에는 연산법칙이 트릭이라고 설명해주는 카드 마술사가 있다. 플라톤의 입체에서 영감을 받아 돌로 기하학적 구조를 만드는 조각가도 있다. 나무 기계 장치로 신기한 계산기를 만든 발명가도 있다. 좀 더 가보면, 에라토스테네스가 했던 것처럼, 지구의 둘레를 계산하느라 바쁜 사람들을 몇 명 마주친다. 그다음에는 종이접기 부스, 풀기 어려운 문제에 도전하는 걸 좋아하는 사람들의 부스와 캘리그래피 부스가 보인다. 천막 안에서는 수학과 천문학을 섞은 연극 공연을 한다. 관객들의 커다란 웃음소리가 새어나온다.

이 사람들 모두가 수학을 하고 있다. 모두가 각자의 방식대로 수학을 발명한다. 여기 저글링을 하는 사람은 자신의 레퍼토리를 위해 어떤 위대한 과학자도 관심 가질 만하다고 생각하지 않던 기하학 도형들을 사용할 것이다. 하지만 이 사람에게는 아름다운 도형이고, 지나가는 사람들은 공중에서 회전하는 공을 보며 눈이 반짝반짝 빛날 것이다.

나는 이 모든 일이 위대한 학자들이 이룬 주요 발견보다 훨씬 더 재미있다고 생각한다. 아주 간단한 수학에서조차 마르지 않는 놀라움과 경탄할 만한 아이디어의 원천이 있다. 박람회를 찾은 사람들 중에서 처음에는 아이들 때문에 왔다가 조금씩 게임에 빠져드는 부모들이 많이 있다. 늦었다고 생각하는 모든 일은 아직 늦지 않았다. 수학은 대중적이고 축제 같은 학문이 될 수 있는 엄청난 잠재력을 가지고 있다. 수학에 열중하고 탐험과 발견에 푹 빠져들어 그 맛을 보기 위해서 반드시 천재 수학자가 될 필요는 없다.

수학을 하는 데 대단한 뭔가가 필요하지는 않다. 이 책의 마지막 장을 넘겼을 때 수학을 계속하고 싶은 마음이 든다면, 여러분은 내가 이야기해줬던 것들보다 훨씬 더 많은 것을 발견할 것이다. 여러

수학에 관한 어마어마한 이야기

분의 길을 직접 찾아나가고, 자신의 취향에 따라 하고 싶은 것들을
좇을 수 있다.

그러려면 대담한 의심과 적당한 호기심, 약간의 상상력만으로도
충분하다.

한 걸음 더 나아가기 위해

여러분이 수학 탐험을 이어나가는 데 유용할 수도 있는 몇 가지 코스를 안내한다.

• 박물관과 행사

파리 과학박물관의 수학관(http://www.palais-decouverte.fr)은 일반 대중을 상대로 행사와 강연, 체험전 등을 제공한다. 파리 과학박물관에 들른다면 'π 전시실'을 둘러보는 것을 잊지 마시라! 파리에 있는 과학관(http://www.cite-sciences.fr)에도 수학 전용 전시 공간이 있다.

이보다는 작은 규모지만 리옹의 '수학과 컴퓨터공학의 집'(http://

www.mmi-lyon.fr)도 있고, 페르마 과학협회(http://www.fermat-science.com)
는 툴루즈 근처 보몽드로마뉴Beaumong-de-Lomagne에 있는 피에르 드
페르마의 생가에서 행사를 열며, 비트리쉬르센Vitry-sur-Seine의 엑스
플로라돔 과학박물관(http://www.exploradome.fr)이나 벨기에 카르뇽
Quaregnon의 수학의 집(http://www.maisondesmaths.be)도 있다.

그리고 여러분이 여행을 간다면, 독일 기센Gießen 마테마티쿰
Mathematikum 수학박물관(http://www.mathematikum.de)이나 미국 뉴욕 모
매스MoMaths 수학박물관(http://www.momath.org) 같은 수학 전용 박물
관을 둘러볼 수도 있을 것이다.

이 박물관들 모두가 쌍방향 체험을 제공하고, 모든 종류의 실습과
체험 학습에 크게 비중을 둔다.

이러한 상설 전시관 외에도 매해 5월 말 파리에서 개최되는 일회
성 행사인 문화 및 수학 게임 박람회(http://www.cijm.org)가 있다. 10월
에 열리는 과학 페스티벌(http://www.fetedelascience.fr)과 3월에 열리는
수학 주간에는 매해 거의 프랑스 전역에서 다양한 행사가 펼쳐진다.
게다가 보통 수학 주간 중에는 세계적인 규모의 수학 행사인 π 데
이, 3월 14일이 포함된다!

• 책

다양한 수준의 입문서와 전공 서적을 포함해서 수학을 주제로 한 책은 굉장히 많이 있다. 당연히 아래 추천한 책들이 전부가 아니다.

1956~1981년에 『사이언티픽 아메리칸Scientific America』지에 수학 칼럼을 연재했던 마틴 가드너Martin Gardner는 유희 수학 분야에서 빼놓을 수 없는 인물이다. 칼럼 모음집이나 수학 마술, 수수께끼 등을 다룬 그의 수많은 저서는 유희 수학 분야의 기준이 되는 책들이다. 이 분야의 고전 중에서 야콥 페렐만Yakov Perelman과 그의 유명한 저서 『살아 있는 수학Oh, les maths!』이나 레이먼드 스멀리언Raymond Smullyan의 논리 책 『아가씨냐 호랑이냐The Lady or the Tiger?』, 『퍼즐과 함께하는 즐거운 논리What Is the Name of This Book?』 등이 있다.

조금 더 최근 작가들 중에서는 이언 스튜어트Ian Stewart의 『천재 수학자 스튜어트의 호기심 캐비닛Professor Stewart's Cabinet of Mathematical Curiosities』, 마커스 드 사토이Marcus Du Sautoy의 책 중에서는 『대칭: 자연의 패턴 속으로 떠나는 여행Symmetry: A Journey into the Pattern of Nature』이나, 사이먼 싱Simon Singh의 『심슨 가족에 숨겨진 수학의 비밀The Simpson and Their Mathematical Secrets』 등을 추천한다. 클리퍼드 피코버Clifford A. Pickover는 『수학책The Math Book』을 통해 수학의 역사에서 가장 전설적인 사금들의 연대기를 그려낸다.

수학에 관한 어마어마한 이야기

프랑스 작가들 중에서는 여러 권의 책을 썼지만 그중에서 특히 추리 소설 형식으로 수학의 역사를 읽을 수 있는 『앵무새의 정리 *Le théorème du perroquet*』의 저자 드니 게즈Denis Guedj를 꼽을 수 있다. 『매력적인 수 π *Le fascinant nombre π*』, 『경이로운 소수 *Merveilleux nombres premiers*』 등을 쓴 장 폴 들라아예Jean-Paul Delahaye도 영감을 주는 작가이다.

다른 장르 중에서는 세드리크 빌라니Cédric Villani의 『살아 있는 정리 *Théorème vivant*』를 보면, 하나의 정리가 어떻게 탄생하는지에 대한 이야기를 통해 현대 수학 연구의 중심부로 뛰어들 수 있다.

- 인터넷

웹사이트 '수학의 이미지'(http://images.math.cnrs.fr)는 일반인들이 볼 수 있는 수준으로 수학자들이 쓴 최신 연구 논문을 정기적으로 제공한다.

El Jj의 블로그 '로마네스크 브로콜리, 래핑카우, 그리고 선적분 Choux romanesco, Vache qui rit et Intégrale curviligne'(http://eljjdx.canalblog.com)은 빠뜨리지 마시라. 블로그 포스팅들이 유난히 재미있다.

조 레이Jos Leys, 오렐리앙 알바레즈Aurélien Alvarez, 에티엔 기Etienne Ghys가 제작한 영화 〈차원 *Dimensions*〉(http://www.dimensions-math.org)과

〈혼돈 *Chaos*〉(http://www.chaos-math.org)은 엄청나게 아름다운 영상과 함께 여러분을 4차원 세계와 혼돈 이론으로 안내할 것이다.

몇 년 전부터 과학의 대중화를 위한 채널이 특히 유튜브에 늘어나고 있다. 수학 분야에서는 위에서 언급했던 블로그 내용을 토대로 영상을 만든 El Jj와 'Science4All', '고양이에게 설명해주는 통계 *La statistique expliquée à mon chat*', 'Passe-Science' 채널 등이 있다.

그밖에, '비디오 사이언스'(http://videosciences.cafe-sciences.org) 플랫폼이 모든 과학 분야에 대한 100여 개의 채널을 집대성해놓았다.

영어 콘텐츠 중에서는 특히 '숫자광 Numberphile'이나 Vi Hart의 영상을 꼽을 수 있다.

수학 연구자들이 일반 대중을 대상으로 강연한 동영상들을 찾아볼 수 있을 것이다. 에티엔 기, 다다시 도키에다 Tadashi Tokieda, 세드리크 빌라니 등이 특히 이 방면으로 뛰어나다.

수학에 관한 어마어마한 이야기

참고 문헌

다음은 이 책을 쓸 때 나에게 도움을 준 주요 문헌 목록이다. 몇몇 자료는 매우 전문적일 수 있으니 주의하시라. 저자명을 알파벳 순서대로 나열했다.

일러두기

시대별
A: 고대
M: 중세
R: 르네상스 시대
C: 근대&현대

주제별
G: 기하학
N: 수론/대수학
P: 해석학/확률론
L: 논리학
S: 그 외 과학 분야

[CP] M. G. Agnesi, *Traités élémentaires de calcul différentiel et de calcul intégral*, Claude-Antoine Jombert Libraire, 1775.

D. J. Albers, G. L. Alexanderson et C. Reid, *International Mathematical Congresses, an illustrated history*, Springer-Verlag, 1987.

[AG] Archimede, *OEuvres d'Archimède avec un commentaire par F. Peyrard*, Francois Buisson Libraire-Editeur, 1854.

[AL] Aristote, *Physique*, GF-Flammarion, 1999.

[CP] S. Banach et A. Tarski, *Sur la décomposition des ensembles de points en parties respectivement congruentes*, Fundamenta Mathematicae, 1924.

[C] B. Belhoste, *Paris savant*, Armand Colin, 2011.

[CP] J. Bernoulli, *L'Art de conjecturer*, Imprimerie G. Le Roy, 1801.

[G] J.-L. Brahem, *Histoires de géomètres et de géométrie*, Editions le Pommier, 2011.

[MN] H. Bravo-Alfaro, *Les Mayas, un lien fort entre Maths et Astronomie*, Maths Express au carrefour des cultures, 2014.

[N] F. Cajori, *A History of Mathematical Notations*, The open court company, 1928.

[RN] G. Cardano, *The Rules of Algebra (Ars Magna)*, Dover publications, 1968.

[RN] L. Charbonneau, *Il y a 400 ans mourait sieur François Viète, seigneur de la Bigotière*, Bulletin AMQ, 2003.

[AG] K. Chemla, G. Shuchun, *Les Neuf Chapitres, le classique mathématique de la Chine ancienne et ses commentaires*, Dunod, 2005.

[AG] K. Chemla, *Mathématiques et culture, Une approche appuyée sur les sources chinoises les plus anciennes connues - La mathématiques, les lieux et les temps*, CNRS Editions. 2009.

[AG] M. Clagett, *Ancient Egyptian Science A Source Book*, American Philosophical Society, 1999.

[CG] R. Cluzel et J.-P. Robert, *Géométrie – Enseignement technique*, Librairie Delagrave, 1964.

Collectif - Department of Mathematics - North Dakota State University, *Mathematics Genealogy Project*, https://genealogy.math.ndsu.nodak.edu/, 2016.

수학에 관한 어마어마한 이야기

[N] J. H. Conway et R. K. Guy, *The book of Numbers*, Springer, 1996.

[C] G.P. Curbera, *Mathematicians of the world, unite ! : The International Congress of Mathematicians-A Human Endeavor*, CRC Press, 2009.

J.-P. Delahaye, *Le Fascinant Nombre* π, Pour la science - Belin, 2001.

A. Deledicq et collectif, *La Longue Histoire des nombres*, ACL - Les editions du Kangourou, 2009.

[AG] A. Deledicq et F. Casiro, *Pythagore & Thalès*, ACL - Les editions du Kangourou. 2009.

A. Deledicq, J.-C. Deledicq et F. Casiro, *Les Maths et la Plume*, ACL - Les editions du Kangourou, 1996.

[M] A. Djebbar, *Bagdad, un foyer au carrefour des cultures*, Maths Express au carrefour des cultures, 2014.

[M] A. Djebbar, *Les Mathématiques arabes, L'âge d'or des sciences arabes* (collectif), Actes Sud - Institut du Monde Arabe, 2005.

[M] A. Djebbar, *Panorama des mathématiques arabes - La mathématiques, les lieux et les temps*, CNRS Editions, 2009.

[A] D. W. Engels, *Alexander the Great and the Logistics of the Macedonian Army*, University of California Press, 1992.

[AG] Euclide, *Les Quinze Livres des Éléments géométriques d'Euclide*, Traduction par D. Henrion, Imprimerie Isaac Dedin, 1632.

[MN] L. Fibonacci, *Liber Abaci*, extraits traduits par A. Scharlig, https://www. bibnum.education.fr/sites/default/files/texte_fibonacci.pdf

[CS] Galilee, *The Assayer*, traduction anglaise de S. Drake. http://www. princeton.edu/~hos/h291/assayer.htm

[MG] R. P. Gomez et collectif, *La Alhambra*, Epsilon, 1987.

[N] D. Guedj, *Zéro*, Pocket, 2008.

B. Hauchecorne et D. Surreau, *Des mathématiciens de A à Z*, Ellipses,1996.

B. Hauchecorne, *Les Mots & les Maths*, Ellipses, 2003.

[C] D. Hilbert, *Sur les problèmes futurs des mathématiques - Les 23 problèmes*, Editions Jacques Gabay, 1990.

[CL] D. Hofstadter, *Gödel Esher Bach*, Dunod, 2000.

[AN] J. Høyrup, *L'Algèbre au temps de Babylone*, Vuibert - Adapt Snes, 2010.

[AN] J. Høyrup, *Les Origines - La mathématiques, les lieux et les temps*, CNRS Editions, 2009.

[A] Jamblique, *Vie de Pythagore*, La roue a livres, 2011.

[N] M. Keith d'apres E. Poe, *Near a Raven*, http://cadaeic.net/naraven.htm, 1995.

[MN] A. Keller, *Des devinettes mathématiques en Inde du Sud*, Maths Express au carrefour des cultures, 2014.

[MN] M. al-Khwārizmī, *Algebra*, traduction anglaise de Frederic Rosen, Oriental Translation Fund, 1831.

[A] D. Laerce, *Vie, doctrines et sentences des philosophes illustres*, GF-Flammarion. 1965.

[CP] M. Launay, *Urnes Interagissantes*, These de doctorat, Aix-Marseille Universite, 2012.

[CG] B. Mandelbrot, *Les Objets fractals*, Champs Science, 2010.

S. Mehl, ChronoMath, chronologie et dictionnaire des mathematiques, http://serge.mehl.free.fr/

[M] M. Moyon, *Traduire les mathématiques en Andalus au XIIe siècle*, Maths Express au carrefour des cultures, 2014.

[CL] E. Nagel, J. R. Newman, K. Godel et J.-Y. Girard, *Le Théorème de Gödel*, Points. 1997.

[RN] P. D. Napolitani, *La Renaissance italienne – La mathématiques, les lieux et les temps*, CNRS Editions, 2009.

[CS] I. Newton, *Principes mathématiques de la philosophie naturelle*, Dunod, 2011.

M. du Sautoy, *La Symétrie ou les Maths au clair de lune*, Editions Heloise d'Ormesson, 2012.

[CP] B. Pascal, *Traité du triangle arithmétique*, Guillaume Desprez, 1665.

A. Peters, *Histoire mondiale synchronoptique*, Editions academiques de Suisse - Bale.

[AG] Platon, *Timée*, GF-Flammarion, 1999.

[MN] K. Plofker, *L'Inde ancienne et médiévale – La mathématiques, les lieux et les temps*, CNRS Editions, 2009.

[C] H. Poincare, *Science et Méthode*, Flammarion, 1908.

[CP] G. Polya, *Sur quelques points de la théorie des probabilités*, Annales de l'Institut Henri Poincare, 1930.

[AN] C. Proust, *Brève chronologie de l'histoire des mathématiques en Mésopotamie*, CultureMATH, http://culturemath.ens.fr/content/breve-chronologie-delhistoire-des-mathematiques-en-mesopotamie, 2006.

[AN] C. Proust, *Le Calcul sexagésimal en Mésopotamie*, CultureMATH, http://culturemath.ens.fr/content/le-calcul-sexagesimal-en-mesopotamie, 2005.

[AN] C. Proust, *Mathématiques en Mésopotamie, Images des mathématiques*, http://images.math.cnrs.fr/Mathematiques-en-Mesopotamie.html, 2014.

[A] Pythagore, *Les Vers d'or*, Editions Adyar, 2009.

[CL] B. Russell et A. N. Whitehead, *Principia Mathematica*,
Merchant Books, 2009.

[AN] D. Schmandt-Besserat, *From accounting to Writing*, in B. A. Rafoth et D. L. Rubin, *The Social Construction of Written Communication*, Ablex Publishing Co, Norwood, 1988.

[AN] D. Schmandt-Besserat, *The Evolution of Writing*, Site personnel de l'auteur https://sites.utexas.edu/dsb/, 2014.

[RN] M. Serfati, *Le Secret et la Règle, La recherche de la vérité* (collectif), ACL - Les editions du Kangourou, 1999.

[CL] R. Smullyan, *Les Théorèmes d'incomplétude de Gödel*, Dunod, 2000.

[CL] R. Smullyan, *Quel est le titre de ce livre?*, Dunod, 1993.

[N] Stendhal, *Vie de Henry Brulard*, Folio classique, 1973.

[CL] A. Turing, *On computable numbers with an application to the entscheidungsproblem*, Proceedings of the London Mathematical Society, 1936.

[RN] F. Viete, *Introduction en l'art analytique*, Traduction en francais par A. Vasset, 1630.

수학에 관한 어마어마한 이야기
선사시대부터 미래까지

1판 1쇄 펴냄 2018년 7월 23일
1판 2쇄 펴냄 2018년 12월 20일

지은이 미카엘 로네
옮긴이 김아애
감수 박영훈
펴낸이 김경태 | **편집** 홍경화 전민영 성준근 / 문해순
디자인 데시그 / 박정영 김재현
마케팅 곽근호 윤지원

펴낸곳 (주)출판사 클
출판등록 2012년 1월 5일 제311-2012-02호
주소 03385 서울시 은평구 연서로26길 25-6
전화 070-4176-4680 | **팩스** 02-354-4680 | **이메일** bookkl@bookkl.com

ISBN 979-11-88907-18-2 03410

이 도서의 국립중앙도서관 출판예정도서목록(CIP)은 서지정보유통지원시스템 홈페이지(http://seoji.
nl.go.kr)와 국가자료공동목록시스템(http://www.nl.go.kr/kolisnet)에서 이용하실 수 있습니다.
(CIP제어번호: CIP2018016067)